La pensée de Dieu

Des mêmes auteurs
aux Éditions J'ai lu

LE VISAGE DE DIEU
N° 9587

AU COMMENCEMENT DU TEMPS
N° 9772

Igor et Grichka

BOGDANOV

La pensée de Dieu

DOCUMENT

Postface de Luis Gonzalez-Mestres
(physicien, chercheur au CNRS)

J'ai lu

« … Ce que je veux connaître,
c'est la pensée de Dieu ! »

Albert EINSTEIN, Berlin, 1920

Avant-propos

Nous sommes en 1920, à l'université de Berlin. Ce soir-là, Albert Einstein, déjà monstre sacré de la science moderne – il recevra le prix Nobel l'année suivante – s'attarde à converser dans un petit amphithéâtre avec l'une de ses étudiantes en physique théorique, Esther Salaman. Cette année a été rude pour lui. Il a dû faire face à de violentes manifestations antisémites menées à Berlin contre lui par des groupes d'activistes prêts à tout. Pas plus tard que le 19 septembre 1920, un débat sur la relativité qui avait bien commencé a failli mal tourner. L'un des participants, Philipp Lenard, s'est engagé dans un duel dramatique avec le maître, en s'adossant à une foule prête à en découdre avec « les sales professeurs juifs ». Il a fallu toute l'énergie de Planck, qui menait les débats, pour éviter l'émeute.

Heureusement, le calme est revenu. Comme chaque jeudi après-midi, le père de la relativité assiste à un séminaire donné par l'un des étudiants en physique. Esther Salaman est en face de lui et se souvient. « J'étais terriblement nerveuse. Einstein était dans la première rangée, avec sa pipe[1]. » Un rayon de soleil oblique, jaune pâle, rase la fenêtre.

1. Ronald Clark, *Einstein. The Life and Times*, Bloomsbury Publishing, Londres (1971).

La jeune fille s'approche du bureau d'Einstein, le regarde, le presse de questions. Elle parle avec un accent russe, elle frôle les mots. En face d'elle, légèrement appuyé sur le bois lisse de son bureau, le maître l'observe, attentif à la manière dont elle réussit à parler en souriant. Elle s'attarde sur les voyelles et roule très fort les « r ». Einstein se lève. Les mains jointes derrière le dos, il va vers le tableau noir. Pourquoi est-il soudain un peu ému ? Peut-être parce que cette jeune fille lui rappelle *La Correspondance* de Dostoïevski, à la fois simple et compliquée, qu'il aimait tant lire dans sa jeunesse. Elle lui apparaît tout à coup d'une beauté inattendue. Ses lèvres sont charnelles, presque inabordables, ses yeux clairs et fixes comme des étoiles, grands ouverts, énigmatiques. Tout à coup elle se tait, un sourire déjà révolu sur la bouche. Après un long silence, elle demande :

— Maître, qu'est-ce que vous cherchez dans vos équations ?

Einstein ne répond pas tout de suite. Lentement, il regagne son bureau et s'assied juste en face de la jeune fille. Peut-être troublé par la beauté ambiguë de son étudiante, il soupire puis lui prend la main et murmure, à mots à peine soufflés : « Je veux savoir comment Dieu a créé l'Univers. Je ne suis pas intéressé par tel ou tel phénomène, tel ou tel élément. Je veux connaître la pensée de Dieu. »

La pensée de Dieu !

Le mot était lâché. Il allait faire le tour du monde. Provoquer des révoltes dans les laboratoires, engendrer des polémiques et susciter d'interminables discussions : aujourd'hui encore, cette petite phrase continue à entretenir le débat. Jusqu'au physicien Stephen Hawking qui se demande dans son célèbre ouvrage *Une Brève Histoire du Temps* pourquoi l'Univers existe et lance dans la toute dernière ligne :

« Si nous trouvons la réponse à cette question, ce sera le triomphe ultime de la raison humaine – à ce moment, nous connaîtrons la pensée de Dieu. »

Bien avant Hawking, au tout début du siècle dernier, peut-être était-ce cette mystérieuse *pensée* que les mathématiciens Felix Klein, David Hilbert et Hermann Minkowski cherchaient à comprendre. À eux trois, depuis la fameuse université de Göttingen, ils ont dominé le monde des mathématiques pendant presque un demi-siècle. Inspirés par Felix Klein qui avait étudié Leibniz, on raconte que les trois savants ont eu par la suite d'innombrables conversations à propos de ce qu'ils ressentaient comme une « harmonie préétablie » entre les mathématiques et la physique. Encore plus fortement que Klein, Hilbert et Minkowski défendaient la conviction selon laquelle les mathématiques « ordonnent » les lois physiques qui, à leur tour, « ordonnent » le monde dans lequel nous vivons. Mais d'où viennent ces lois ? Comment sont elles apparues ?

À son tour, reprenant le flambeau, Einstein parlera d'« harmonie préétablie » – pour la première fois en 1918 – après être parvenu, avec l'aide de Hilbert, à une formulation définitive des équations de la relativité générale. Ce sont bien les puissants mathématiciens de Göttingen qui l'ont conduit vers cette idée selon laquelle l'ordre du monde était le reflet de l'ordre profond des mathématiques. Une idée qui n'a cessé de se renforcer. En 1960, le physicien américain et prix Nobel Eugene Wigner – ancien assistant de Hilbert à Göttingen trente ans plus tôt – n'hésite pas à parler de « miracle » : « Le miracle de l'ajustement du langage mathématique pour formuler les lois de la physique est un merveilleux cadeau que nous ne comprenons pas et ne méritons pas[1]. » Face

1. http://www.dartmouth.edu/~matc/mathdrama/reading/wigner.html

miracle », comment éviter les questions les xtrêmes ? Wigner lui-même n'y échappe pas 'il affirme que « l'existence des lois de la nature n'est pas du tout naturelle ». Et à votre tour, il vous est sûrement arrivé de vous demander un jour ou l'autre : d'où viennent les mathématiques ? D'où viennent ces nombres que nous utilisons tous les jours sans les avoir inventés ? Et ces théorèmes que les mathématiciens découvrent comme des trésors, avec une joie infinie ?

Nous voici ramenés au désir d'Einstein de « connaître la pensée de Dieu ». Pour certains, cette phrase étonnante pourrait bien devenir l'horizon de la science du XXIe siècle, comme l'affirme le légendaire théoricien américain Freeman Dyson : « Le défi est de lire la pensée de Dieu[1]. » Afin de découvrir pourquoi l'Univers existe. Par quel « miracle » il a surgi tout à coup du néant, il y a treize milliards d'années. Pourquoi il y a quelque chose plutôt que rien. Et pourquoi ce « quelque chose » a engendré de la vie et de la conscience.

Comme on le verra dans ce livre, les réponses à ces questions admettent seulement trois hypothèses. La plus simple – mais aussi la moins scientifique – consiste à défendre l'idée selon laquelle l'Univers, la conscience et la vie sont le résultat d'un formidable « hasard cosmique » et de rien d'autre. Dans ce cas, la vie est apparue « par hasard » et notre existence est parfaitement arbitraire : comme l'affirmait en son temps Jean-Paul Sartre, « le monde est absurde ».

Deuxième hypothèse : celle des univers « parallèles ». Selon les défenseurs de cette idée, l'univers

1. F. Dyson, *Infinite in All Directions*, Harper and Row, New York (1988).

dans lequel nous vivons ne serait que la version « gagnante » d'une infinité d'univers stériles : l'existence de l'univers « ordonné » dans lequel nous vivons n'aurait rien de remarquable puisqu'il serait perdu dans une multitude d'univers chaotiques. Disons-le sans détour : bien qu'à la mode, cette hypothèse n'est pas plus scientifique que la précédente. D'abord parce qu'elle n'est pas vérifiable expérimentalement. Mais surtout parce que dans tous les Univers possibles, les mathématiques resteraient forcément les mêmes que « chez nous ». Et comme la réalité physique est entièrement déterminée par les mathématiques qui la sous-tendent, il est vraisemblable que l'on retomberait sur le même Univers que le nôtre.

D'où la troisième hypothèse, qui nous semble le plus en lien avec la science, celle d'un Univers *unique* et structuré par des lois physiques : dans ce cas, l'évolution cosmologique ne laisse rien au hasard et la vie apparaît comme la conséquence inévitable d'un scénario dicté, avec la plus haute précision, par les lois de la physique.

*

Un Univers unique. Dans cette perspective, un code sous-jacent, d'essence mathématique, un peu comparable au code génétique pour un être vivant, explique toutes les lois physiques et organise, avec une précision vertigineuse, les valeurs de toutes les constantes fondamentales entre elles, jusqu'à engendrer un univers ordonné et susceptible d'évoluer vers la vie et la conscience. En fait, de plus en plus de physiciens observent que les lois fondamentales de la nature doivent être calibrées avec la plus haute précision afin que des étoiles et des planètes puissent se former pour permettre à la vie d'émerger de la matière. Par exemple, si la gravité avait été légèrement plus forte, l'Univers se serait effondré bien longtemps avant que la vie ait pu apparaître et évoluer. À l'inverse, si la gravité avait été à peine plus faible, la matière se serait dispersée dans le vide et aucune galaxie, aucune étoile, aucune planète n'aurait pu se former.

Jusqu'à une date récente, le travail des scientifiques consistait, pour l'essentiel, à découvrir la nature des lois physiques et les conséquences de leurs applications. Mais ils s'interdisaient de se poser des questions sur la *raison d'être* de ces lois. Or avec les progrès de la science, il devient de plus en plus difficile de considérer qu'au moment du Big Bang, ces lois ont fait leur travail de structuration de la matière sans aucune raison particulière : les scientifiques ont désormais le droit de s'interroger sur le « pourquoi » de ces lois et de se demander si elles ont une raison d'être.

*

Il y a bientôt quatre siècles, Galilée s'est risqué à déclarer : « Le grand livre de la nature est écrit dans un langage mathématique. » Et bien longtemps avant lui, vers 380 avant Jésus Christ, le philosophe grec Platon avait déjà proposé l'idée que les mathématiques se situent en dehors de l'Univers physique, dans un royaume (souvent appelé le « Ciel platonicien ») qui ne fait pas partie de l'espace et du temps. Dans le même ordre d'idée – mais beaucoup plus près de nous –, Max Tegmark, professeur de physique au MIT, ira jusqu'à conclure : « La réalité physique "extérieure" dans laquelle nous vivons repose sur une structure mathématique qui est en dehors du temps. Ceci veut dire, dans un sens bien défini, que l'Univers *est* mathématique : lorsqu'elles évoluent dans un monde assez complexe pour contenir des sous-structures autoconscientes, ces sous-structures conscientes se perçoivent comme existant dans un monde "réel"[1]. »

Autrement dit, selon Tegmark, le monde « réel » ne serait alors qu'une projection, à notre échelle, d'une réalité mathématique profonde et inaccessible. Une illusion, en somme. Quelque chose de comparable, peut-être, à la différence vertigineuse qui existe entre l'image, la musique, les sons d'un film projeté sur un écran et sa réalité profonde gravée, sous forme de « 0 » et de « 1 » dans les sillons d'un DVD. Selon cette interprétation, l'illusion consiste à considérer le film à l'écran comme « la réalité », alors qu'il s'agit bel et bien d'une illusion parfaite et que la seule réalité effective de ce film se réduit aux informations gravées dans le DVD.

Aujourd'hui, l'Univers est fait de matière. Mais il n'en a pas toujours été ainsi. À l'instant du Big Bang, la matière « solide » n'existait pas encore. À cette époque lointaine, il n'y avait qu'une énergie torrentielle déversée dans le vide primordial. Et encore plus tôt ? Avant le Big Bang ? Dans cette ère que le grand physicien américain George Gamow (l'un des pères du Big Bang) appelle l'ère de Saint Augustin, ni la matière, ni l'énergie ni l'espace ni le temps n'existaient encore. Alors qu'y avait-il ? C'est ce que ce livre vous propose d'entrevoir. Il fut un temps, au voisinage de l'instant zéro, où l'Univers était immatériel. De quoi était-il fait ? De ce qu'en

---

1. Max Tegmark « Parallel Universes », (2003). In J.D. Barrow, P.C.W Davies & C.L. Harper (éd.), « *Science and Ultimate Reality : From Quantum to Cosmos* ». *Honoring John Wheeler's 90th birthday*, Cambridge University Press, Cambridge (2003).

science on appelle aujourd'hui de *l'information*. Une pensée pure au cœur du néant. Une pensée mathématique. C'est donc avant le Big Bang, à l'instant zéro de l'Univers, que nous aurons peut-être une chance de trouver sous la forme des lois et des grandes constantes la fameuse « pensée de Dieu » recherchée par Einstein.

*

Les pages qui suivent nous réservent d'immenses surprises. Nous allons y découvrir que les charismatiques maîtres de Göttingen ont bel et bien décelé, au cœur de la matière, la trace de « quelque chose ». Une sorte de reflet de l'infini. Mais le fait que l'infini lui-même reste à jamais insaisissable par l'esprit humain a amené Hilbert à s'exclamer le 4 juin 1925 lors d'une de ses plus belles conférences (sobrement intitulée « *Sur l'Infini* ») : « L'infini n'existe nulle part dans la réalité[1] ». Six ans plus tard, en 1931, nouveau choc. Un autre enfant de Göttingen, le mystérieux logicien Kurt Gödel, prouve que notre univers, dans la mesure où il est logique, est *incomplet*. Ce qui veut dire qu'il dépend nécessairement de quelque chose qui lui est extérieur. Mais de quoi ? En fait, selon les fameux théorèmes de Gödel, de quelque chose qui ne peut pas être de la même nature que lui. De quelque chose d'immatériel.

*

En 1905, le mathématicien français Henri Poincaré – dont on fêtera cette année le centenaire de la disparition et qui apparaît, bien avant Einstein, comme le

1. David Hilbert, *Annales de mathématiques*, vol. 95 (1926).

véritable précurseur du principe de relativité[1] – affirmait : « L'astronomie ne nous a pas appris seulement qu'il y a des lois, mais que les lois son inéluctables, qu'on ne transige pas avec elles… Elle nous a appris que les lois sont infiniment précises[2]. »

Dans cet ouvrage, nous découvrirons que les lois physiques sont en effet « infiniment précises ». Nous verrons que l'Univers « ne transige pas avec elles ». Quelle est leur origine ? Le langage mathématique qui nous permet de les décrire nous permet-il aussi de déchiffrer leur mystère ? Y a-t-il une *raison* aux formidables contraintes fixées, dans l'Univers, par les valeurs des lois et constantes universelles ?

Pour la première fois, grâce à des instruments prodigieux – dans l'espace le satellite PLANCK qui sonde la lumière primordiale et, sous terre, le colossal LHC qui traque la *particule-Dieu* –, des débuts de réponse commencent à émerger. En les découvrant, sans doute finirons-nous par comprendre que la mystérieuse « pensée de Dieu » autrefois évoquée par Einstein se confond avec *l'esprit des lois* qui gouverne le Grand Univers depuis qu'il a jailli du néant. Sans doute aussi le temps est-il venu d'en savoir un peu plus sur l'origine de ces lois qui nous gouvernent.

Préparons-nous à ce qui va suivre, car ces premières réponses vont déboucher sur la plus impressionnante révolution à laquelle nous ayons jamais eu à faire face. Avec en toile de fond cette conclusion si nouvelle, si brûlante qu'elle donne le vertige : à

1. Henri Poincaré (1904), « L'état actuel et l'avenir de la physique mathématique », *Bulletin des Sciences mathématiques* **28**, pp. 302-324, page 476 dans la digitalisation http://gallica.bnf.fr/ark:/12148/bpt6k486258r/f476.image

2. In *La Valeur de la Science* (1905).

l'instant du Big Bang, il n'y avait pas de place pour le hasard. Face à l'enchaînement parfait des phénomènes à l'aube des temps, le grand astronome Alan Sandage, prix Crafoord d'astronomie, a lancé un jour : « Je trouve tout à fait improbable qu'un tel ordre puisse provenir du chaos. Il doit exister une sorte de principe organisateur. Dieu est pour moi un mystère, mais c'est l'explication du miracle de l'existence, pourquoi il y a quelque chose plutôt que rien[1] ».

Une ère nouvelle commence. Car la science nous donne aujourd'hui les moyens de chercher ce « principe organisateur ». Et d'en trouver peut-être les traces avant le Big Bang, à l'instant zéro. Là où la matière n'existait pas encore. À cette époque très étrange où l'Univers n'était encore qu'un nuage d'informations.

---

1. J.N. Willford « An Astronomers Quest ». *New York Times* (1991).

1

La pensée de Dieu

La nature – miroir de l'Univers – est mystérieuse.

À chaque pas d'une promenade innocente à la campagne, nous frôlons ce mystère, sans même nous en rendre compte. En hiver, comme nous le verrons au chapitre suivant, l'étrange se manifeste dans les flocons de neige. Ils sont tous uniques : depuis qu'il neige sur notre monde (c'est-à-dire des milliards d'années) il n'y a pas eu deux flocons identiques. Mais il y a plus encore : tous ces cristaux de neige, sans aucune exception, forment une figure à six sommets. Jamais cinq ou sept. En somme, la géométrie gouverne implacablement les formes de chacun de ces milliards de flocons qui tombent sur un paysage.

En été, ce sont les fleurs qui nous intriguent. Comme nous le verrons plus loin, le nombre de leurs pétales est rigoureusement déterminé, sans la moindre erreur possible, par une constante mathématique qu'on appelle *le nombre d'or*. Une marguerite peut avoir 5, ou 8 ou encore 13 pétales. Mais *jamais* 10 ou 11. Comment est-ce donc possible ? Le hasard est-il capable, à lui seul, d'ordonner les choses avec un tel succès ?

Difficile de ne pas avoir l'impression que ces flocons de neige, ces fleurs d'été, ont été *pensés*. Mais par qui ? Par quoi ?

*

À présent, levons nos yeux vers le ciel, par une belle nuit sans nuage. Des soleils infiniment lointains brillent en silence dans le gouffre stellaire. D'où vient cet immense Univers ? Il a brutalement jailli du néant il y a 13,75 milliards d'années. Quelques instants après sa naissance, il était si petit qu'il aurait pu tenir au creux de votre main ! Et au moment du Big Bang ? Il se perdait dans l'invisible, des milliards de fois plus petit qu'un grain de poussière. Mais pour que l'Univers naisse et devienne ce qu'il est, ne fallait-il pas que cette infime particule du début contienne déjà « les plans » de ces milliards d'étoiles et de galaxies qui forment le cosmos aujourd'hui ? Peut-on imaginer qu'une tour de vingt étages soit construite « au hasard », sans aucun plan préalable élaboré par un architecte ?

Comme nous l'avons rapporté dans notre précédent ouvrage[1], les deux astrophysiciens américains George Smoot et John Mather ont décroché le prix Nobel en 2006 pour avoir magnifiquement photographié, en 1992, grâce à un satellite nommé COBE, la toute première lumière émise par l'Univers, 380 000 ans tout juste après le Big Bang. Face à cette image sidérante, George Smoot, soulevé d'émotion, s'est écrié : « C'est comme voir le visage de Dieu ! » D'ailleurs, il n'est pas le seul. L'un de ses collègues, l'astrophysicien Richard Isaacman, qui a directement participé au programme COBE, s'est à son tour exclamé, en découvrant sur son écran les fantastiques courbes émises par la première lumière : « J'ai senti que j'étais en train de regarder Dieu en face[2] » !

1. *Le Visage de Dieu,* Grasset (2010).
2. In http://www.gci.org/science/debate1a

Le 15 août 1997, dans la revue *Science*[1], Smoot enfonce le clou. Cette fois il croit voir au cœur de cette lumière primordiale « l'écriture manuscrite de Dieu ».

L'image est encore plus osée. Elle évoque sans détour celle d'Einstein lorsqu'il nous parle de « la pensée de Dieu ». Mais pourquoi ce coup d'éclat, si risqué pour un scientifique ? Dans un courrier qu'il nous a adressé le 14 mars 2010, Smoot nous a d'ailleurs confié sans prendre de gants : « Je dois vous dire franchement que mes paroles en rapport avec Dieu le jour de l'annonce de ma découverte m'ont causé beaucoup d'ennuis, en particulier avec la communauté scientifique. »

Alors pourquoi avoir mêlé Dieu à tout ça ? Sans doute parce que, comme il l'a avoué lui-même des années plus tard, lui et nombre de ses collègues ont eu l'irrésistible sensation de voir, au cœur de cette première lumière, « quelque chose » ressemblant à un ordre. Une sorte de plan d'une exactitude déconcertante. Quelque chose qui s'oppose frontalement au hasard et qu'il n'hésite pas à comparer, décidément très inspiré, à « l'empreinte du créateur[2] ». Quelle est cette empreinte ? D'infimes différences de température qui « règlent » la première lumière avec une incroyable précision : dix millionièmes de degré ! Un écart fantastiquement petit, qui équivaut à un timbre-poste sur une route longue d'un kilomètre. À peu près la chaleur dérisoire que vous ressentiriez dans votre jardin si quelqu'un craquait une allumette sur la Lune !

Ce « réglage » inexpliqué a été mesuré en 2012 avec une précision encore plus élevée grâce au satellite

1. Page 890.
2. George Smoot et Keay Davidson, *Les Rides du Temps*, Flammarion (1994).

PLANCK : cette fois il a photographié « l'empreinte » en y décelant des différences d'à peine deux millionièmes de degré. Pour prendre une image, dans un champ de blé avec un million d'épis, le satellite pourrait en un instant déceler s'il en manque deux ! Encore une fois, c'est dire « l'ajustement » sidérant du bébé-Univers lorsqu'il est tout juste âgé de 380 000 ans.

*

À présent, remontons encore plus tôt dans l'histoire de l'Univers. Jusqu'à l'échelle de Planck, qui marque la terrifiante frontière du Big Bang lui-même. Que se passe-t-il sur cette limite inviolable ? C'est la naissance brûlante de notre réalité. L'apparition de la matière incandescente et de l'énergie versée en orages titanesques. De l'espace déchiré en écume quantique et du temps encore informe. Les tout premiers éléments physiques s'arrachent au néant, se rassemblent et fusent dans la spirale infinie de l'expansion qui commence.

Est-ce donc que le chaos règne en maître à l'instant primordial ? Evidemment pas, sinon nous ne serions pas là. Nous avons évoqué plus haut l'existence d'un ordre très précis détecté en 1992, grâce au satellite COBE, dans la première lumière. Est-ce que cet ordre pourrait *déjà* exister au moment même du Big Bang, alors que le cosmos est en train de naître ? Nul n'est mieux placé que le Nobel John Mather, coresponsable avec Smoot de l'expérience COBE, pour nous répondre. Le 25 février 2010, dans un courrier qu'il nous a adressé, il nous a confié : « Les anisotropies mesurées par COBE et aujourd'hui par beaucoup d'autres instruments, montrent l'Univers tel qu'il était durant l'ère du découplage, environ 389 000 ans après le commencement. Mais bien sûr, la structure observée doit avoir été imprimée beaucoup plus tôt, à travers des processus présumés relevant de la mécanique quantique, à l'instant 10 puissance moins 43 seconde. »

Car paradoxalement, tout se passe comme si ce déchaînement élémentaire faisait lui-même partie d'un « programme » méticuleusement ordonné, dont les physiciens commencent à reconnaître ici et là certaines étapes dans le modèle standard du Big Bang. En somme, tandis que le monde physique est en voie de formation, livré à d'indescriptibles convulsions, les mathématiques, de leur côté, restent froides. Immuables. Car ce sont elles qui semblent ordonner la naissance cataclysmique de la matière. Le fameux réglage de tout à l'heure est donc plus que jamais à l'œuvre. Au moment où se déclenche le Big Bang – en fait pour qu'il puisse se déclencher – l'ajustement entre les grands paramètres cosmologiques atteint des seuils qui dépassent tout ce que nous pouvons imaginer.

*

À cette époque, l'Univers entier était incroyablement petit. Si petit qu'il fallait le mesurer avec des unités spéciales, qu'on appelle les « unités de Planck ». Elles ont été découvertes au début du XXe siècle par Max Planck, ce légendaire physicien allemand, prix Nobel en 1918 et compagnon d'Einstein. Il joue délicatement du piano et a composé plusieurs pièces. Pour se détendre après leurs journées harassantes, il arrive parfois qu'Einstein au violon et lui au piano se lancent dans d'interminables concerts privés où les familles et quelques amis « privilégiés » écoutent courageusement les deux maîtres sans oser les interrompre.

Or, voici qu'à la fin du XIXe siècle, Max Planck se trouve bloqué à la frontière de l'infiniment petit. Sans regret, il tourne alors le dos à la mécanique classique et, dans la foulée, il fonde ce qu'on appelle la « mécanique quantique », la seule qui puisse marcher dans le monde des atomes. Au passage, il montre que dans ce petit monde, l'énergie est émise par paquets, par *quantas*. Les célèbres unités qui portent son nom aujourd'hui sont entourées d'un halo de mystère et marquent les ultimes frontières de notre monde physique. Or, face à cette bordure ultime au-delà de laquelle commence l'infiniment petit, Max Planck a été saisi de la même émotion qu'Einstein face à l'infiniment grand. Et il l'exprime avec des mots qui, curieusement, évoquent également la pensée de Dieu : « Toute la matière trouve son origine et existe seulement en vertu d'une force. Nous devons supposer derrière cette force l'existence d'un esprit conscient et intelligent[1]. »

C'est là que nous retrouvons « l'esprit des lois » gouvernant notre réalité, l'idée d'un ajustement de l'Univers dès son origine. Un *réglage* reposant sur des constantes fondamentales. Par exemple, la masse du neutron, très précise, est de 939,5653 méga-électron-volts. Or, comme le fait observer le physicien François Vannucci, si le neutron avait pesé à peine moins, disons 939 MeV, il se serait désintégré beaucoup plus lentement que le temps normal de 885 secondes (un peu moins d'un quart d'heure), ce qui aurait détruit le délicat équilibre des particules au moment du Big Bang. À supposer qu'elles aient pu se former, les étoiles auraient explosé très vite, laissant un Univers glacé et hostile. À l'inverse, si le neutron avait pesé à peine plus, par exemple 940 MeV, alors il se serait désintégré bien trop vite (en quelques dizaines de

1. http://www.brainyquote.com/quotes/authors/m/max_planck.html

secondes). Une fois de plus, l'Univers nouveau-né aurait été condamné.

Impossible de ne pas être fasciné par ce fantastique réglage, alors qu'il n'y avait rien ni personne pour le calculer. Un autre exemple encore plus frappant : celui de la célèbre « constante cosmologique ». De quoi s'agit il ? D'un nombre pur – c'est-à-dire ne dépendant d'aucune unité de mesure – qui devait exister à l'instant même du Big Bang, lorsque l'âge de l'Univers n'était que 0,0000000000000000000000000000000000000000001 seconde. Cette mystérieuse constante est sans doute le nombre désignant une quantité physique le plus petit de tout l'univers : 10 puissance – 120, soit un zéro une virgule et 119 zéros avant que l'on trouve enfin le 1. Celle-ci contrôle minutieusement la densité du cosmos, de sorte qu'aujourd'hui, celui-ci est presque plat (comme cela est effectivement mesuré). Au moment du Big Bang, le rapport entre la densité de l'Univers et la densité critique (rapport qu'on appelle Oméga) était incroyablement proche de 1. Mais ce n'était pas *exactement* 1. En effet, à cet instant si énigmatique, le nombre Oméga avait une valeur imperceptiblement supérieure à 1 et enchaînait 59 zéros derrière la virgule avant qu'on trouve enfin un chiffre non nul. On peut la lire ainsi : 1,0000000000000 00000000000000000000000000000000000000000000001 ! La déviation par rapport à 1, absolument infime, n'apparaît qu'à la soixantième décimale. Très remué par un tel réglage, George Smoot n'a pas hésité à dire en 1994 : « Une valeur si proche de 1 ne peut pas être le fait du hasard, et les gens raisonnables pensent que quelque chose *oblige* Oméga à être égal à 1[1]. »

Toujours est-il que cette valeur est la bonne. Et heureusement ! Si l'on enlève quelques zéros sur 119 à notre constante, alors celle-ci aurait été un peu plus

1. George Smoot et Keay Davidson, *op. cit.*

grande et l'Univers se serait dilaté beaucoup plus vite, trop vite pour que les étoiles et les galaxies aient le temps de se former. Le cosmos serait resté désespérément vide, noir et froid. À l'inverse, quelques zéros en plus et l'Univers, incapable de se dilater correctement, serait depuis longtemps retombé sur lui-même comme un soufflé qui n'aurait pas levé.

D'où vient cette stupéfiante valeur ? Qui ou quoi l'a donc « pensée » et calculée ? Un simple exercice montre que notre fameuse constante a une chance sur un milliard de milliards de milliards de milliards de milliards de milliards de milliards de milliards de milliards de milliards de milliards de milliards de milliards de tomber « par hasard » sur la bonne valeur ! En fait, nous aurions bien plus de chance de trouver *du premier coup* le seul grain de sable peint en rouge parmi tous les grains de sable de tous les déserts et de tous les océans de notre monde. C'est pourquoi l'astrophysicien Fred Hoyle (pourtant très opposé à la théorie du Big Bang dans les années 1950) n'a pas hésité à parler en riant d'un étonnant « coup monté » à propos de l'Univers. Par qui ? Par quoi ? Sans apporter de réponse, le physicien Paul Davies prend toutefois la peine de préciser : « Il ne fait aucun doute que de nombreux scientifiques méprisent l'idée même qu'il puisse exister un Dieu, ou même un principe créateur impersonnel. » Et il poursuit avec force : « Je ne partage pas cette attitude méprisante. Je ne puis croire que notre existence dans cet Univers soit un simple caprice du destin, un accident fortuit dans le grand drame cosmique.[1] »

Au cours de nos aventures, nous allons rencontrer au début du XXe siècle l'un des hommes les plus étranges qui aient jamais existé. Il s'appelle Srinivasa

---

1. Paul Davies, *The mind of God*, Simon & Schuster (1992).

Ramanujan. Ce mathématicien de génie n'a jamais appris à calculer. Mais il calculait comme il respirait. Sans jamais y penser, sans efforts. Et certains de ses théorèmes, parmi les centaines qu'il a découverts, restent des mystères pour les mathématiciens d'aujourd'hui. Or, comme il aimait à le rappeler, pour lui, une équation n'a de sens que si « elle exprime la pensée de Dieu[1] ». Ramanujan pointait ainsi son index – avec d'autres, comme Einstein, Gödel, Dyson – en direction de ce qui, peut-être, constituera le grand défi de la science au XXIe siècle : « lire la pensée de Dieu[2]. » On pourrait traduire cela par « déchiffrer certains fragments de l'immense mystère entourant le Big Bang ». En admettant que nous ne découvrirons et ne comprendrons jamais que quelques bribes de cette énigme, nous verrons qu'il existe aujourd'hui des voies nouvelles qui nous permettront de nous rapprocher un peu plus de cet instant éblouissant où « le feu a été mis aux équations ». Et peut-être même d'entrevoir ce qu'il y avait « avant » le feu du Big Bang.

*

L'exemple frappant de la constante cosmologique nous incite donc à penser que les grandes lois, les paramètres cosmologiques, les grandes constantes, tout cela était *déjà là* à l'instant du Big Bang.

Pour prendre un deuxième exemple saisissant, tournons-nous vers ce nombre de légende, que nous allons rencontrer sous toutes ses faces dans notre livre : le nombre π. Quoi de plus familier que ce nombre ? Vous le connaissez tous depuis l'école et

---

1. Gregory Chaitin, « Less Proof, More Truth », in *New Scientist* n° 2614, juillet 2007, p. 49.
2. F. Dyson, *Infinite in All Directions*, *op. cit.*

vous savez, comme des centaines de millions d'autres, qu'il vaut approximativement 3,14. Mais en même temps, quoi de plus énigmatique que cette constante ?

En effet, préparez-vous à un choc ! Ce nombre de tous les jours, qui fait tellement partie de notre vie, est *déjà présent* à l'instant du Big Bang. Au moment où l'Univers jaillit du néant. La preuve ? Elle nous est donnée par les physiciens. Nous avons vu plus haut qu'au moment du Big Bang, l'âge de l'Univers est le temps de Planck (une infime fraction de seconde) et sa taille est la longueur de Planck (quelque chose de fantastiquement petit). Et ici vient l'incroyable : dans les formules mathématiques de ces deux unités fondamentales, on trouve le nombre π ! Ceci est également vrai pour la température ou encore la masse de l'Univers à cette échelle. Pourquoi ? Parce que dans toutes ces formules, on retrouve la célèbre « constante de Planck » (la plus petite quantité d'énergie pouvant exister) divisée par 2π. Plus simplement, π n'est autre que le rapport entre la circonférence et le diamètre d'un cercle. Or, à l'instant du Big Bang, l'horizon de l'Univers peut être matérialisé par une sphère dont le rayon est la longueur de Planck. La présence de cette sphère (qu'on appelle « sphère de Planck ») implique donc inévitablement celle du nombre π. Tout ceci veut dire que non seulement π est présent au moment du Big Bang en tant qu'être mathématique mais qu'*en plus*, il contrôle directement l'hallucinante cascade de phénomènes physiques qui surviennent à l'instant primordial.

Mais il n'y a pas que π. Tous les nombres réels – et tous les nombres imaginaires – jouent un rôle au moment du Big Bang. Pourquoi ? Parce que, comme le rappelle le mathématicien Godfrey Hardy (celui qui a révélé le génie de Ramanujan au début du

XXe siècle) par construction, « la réalité mathématique existe indépendamment de nous[1] ». On peut compléter en ajoutant que la réalité physique ne peut pas exister indépendamment de la réalité mathématique. Autrement dit, les nombres précèdent la matière. Insensibles aux conditions physiques, ils structurent les lois physiques et permettent à la matière d'émerger puis d'évoluer selon des schémas ultraprécis, donnant au réel naissant à la fois une échelle, une forme et un sens. C'est pourquoi, en plus de π, on doit s'attendre à rencontrer au moment du Big Bang, toutes les grandes constantes appartenant au monde mathématique : la constante d'Euler, la constante de Legendre, la constante de Pythagore et bien d'autres. En somme, au début étaient les nombres.

Et avant même le Big Bang ? Que se passe-t-il ?

C'est là que les choses deviennent vraiment captivantes. Les voies nouvelles que vous découvrirez à la fin de ce livre déboucheront sur une révélation très inhabituelle, à la hauteur du mystère porté par l'espace-temps depuis sa naissance.

*

Le cheminement vers l'énigme de l'origine implique, à toutes les étapes, un trousseau de clefs. Or, celles-ci sont de nature mathématique. Chacune d'elle permet d'ouvrir telle ou telle porte. De déchiffrer tel ou tel fragment d'écriture, en donnant une forme mathématique à telle ou telle loi physique. À mesure que l'on progresse, que l'on découvre ces lois et qu'on les déchiffre, qu'on en fixe une interprétation universelle, reconnaissable par tous, à toutes époques, on se rend compte à quel point Pythagore

1. In Collectif, *Le Mystère des nombres,* Le Pommier (2004).

est dans le vrai lorsqu'il affirme, 540 ans avant Jésus Christ : « Les nombres gouvernent l'Univers. » Combien Galilée nous touche lorsqu'il écrit : « Le livre de la nature est écrit en langage mathématique ». Et on est submergé par l'irrésistible sensation que tout cela a été organisé, calculé, *pensé*. Mais une fois de plus, par quoi ?

C'est vers ces questions que nous allons cheminer ensemble. Celles-ci ont commencé à se détacher de la philosophie pour émerger en science vers la fin du XIXe siècle. Mais pas n'importe où. Ni avec n'importe qui. Ceux qui les posent et osent les étudier sont presque tous des mathématiciens, faisant partie de l'élite. Par un étrange effet de l'histoire, nous allons découvrir que tout s'est joué en une période très brève – environ un demi-siècle – et que tout tourne autour du même lieu, une université aujourd'hui mythique, qui à cette époque était la première du monde pour les mathématiques. Sa domination écrasante a imposé une révolution sans équivalent partout dans le reste du monde. Dans son sillage sont nés les deux immenses piliers sur lesquels repose tout notre savoir physique aujourd'hui : dans l'infiniment grand la relativité et dans l'infiniment petit la théorie quantique. Mais il y a plus.

Il y a chez tous ceux qui brandissent la flamme de cette école unique une quête mathématique profonde, ordonnée, presque mystique : découvrir, pour la comprendre, ce qu'ils appellent entre eux – à la suite de l'inoubliable philosophe Leibniz – *l'harmonie préétablie*. Une autre manière de désigner la cause première. Et d'un penseur à l'autre, d'une génération à la suivante, le flambeau va passer de main en main. Et nous rapprocher toujours un peu plus de cet « esprit immensément supérieur à celui de l'homme » qu'Einstein a mentionné en 1936 à un enfant et que toute sa vie il a cherché à comprendre.

Ce que nous allons maintenant découvrir pas à pas avec ces princes de la pensée mathématique – Minkowski, Sommerfeld, Hilbert, Klein, Lindemann, Hurwitz, Weyl, Ramanujan, Gödel, Einstein, Heisenberg, Born et bien d'autres – c'est un horizon éblouissant, où se reflète, visible par endroits, invisible à d'autres, le plus profond mystère de notre Univers.

Tout commence donc vers la fin du XIXe siècle, dans une ferme perdue au fin fond de l'Amérique.

2

Le premier miracle

Par une nuit glaciale de janvier 1885, une tempête sans commencement tourbillonne en volutes glacées dans les ténèbres. Depuis des heures, son souffle aveugle s'infiltre entre les planches mal jointes d'une grange perdue au milieu de nulle part. La neige est partout, sombre comme la nuit.

Soudain, un cri dans le vent.

Au fond de la grange, un jeune homme de dix-neuf ans lève les bras au ciel.

Il a enfin réussi.

Devant lui, baignant dans le liquide révélateur, il y a la photo de son exploit. Et quel exploit ! Après deux ans d'échecs et de tâtonnements, à l'aide d'une étrange machinerie de son invention, voici que pour la première fois au monde, Wilson Alwyn Bentley vient de réaliser l'impossible : photographier, au cœur de l'invisible, un infime « grain de neige ». Un cristal glacé. Et il reste bouche bée devant ce qu'il découvre. Une sorte d'étoile à six branches incroyablement symétrique, faite de lignes droites et de courbes parfaites, comme si elle avait été *dessinée* par un géomètre ou un artiste de génie. À cet instant, le jeune Américain murmure pour la première fois dans la pénombre ce qu'il ne cessera de répéter toute sa vie : « Un miracle ! » Car il le sait, ce cristal d'une beauté époustouflante, dont chaque ligne semble tracée à la règle, s'est assemblé en quelques minutes à peine, dans le cœur tourbillonnant d'un nuage ! Par quel tour de force ? Comment donc ces lames étincelantes peuvent-elles s'emboîter si parfaitement les unes dans les autres jusqu'à fabriquer en un clin d'œil des sculptures à couper le souffle ? Dans l'espoir de découvrir l'incroyable secret, ce fermier pas comme les autres passera plus de quarante ans de sa vie à photographier un par un ces miracles de la nature. Avec plus de cinq mille clichés réalisés hiver après hiver au fond de sa ferme, Wilson Bentley va devenir le plus grand collectionneur de cristaux de neige de l'histoire.

Mais revenons à cette sombre nuit de 1885, dans la campagne glacée du Vermont. Les heures ont passé. À l'aide de sa cuillère en argent, Bentley a patiemment ramassé et photographié plusieurs dizaines d'autres cristaux glacés. Et il en croit à peine ses yeux : tous, sans exception, ont six branches ! Comme des étoiles à six pointes, d'une symétrie et d'une beauté à donner le vertige. Mais pourquoi ? Pourquoi six et pas cinq ou sept pointes ? Aiguillonné par le mystère, Bentley se lance alors un défi : découvrir un cristal de neige à cinq pointes. Chaque hiver, durant près d'un demi-siècle, hanté par la fleur de neige à cinq branches, il va chercher. Traquer le flocon introuvable. Au sommet des montagnes comme au creux des vallées. En vain. Jamais il ne parviendra à observer autre chose que des cristaux à six branches.

*

Mais ce n'est pas tout. Au cœur de la neige se cache quelque chose de plus mystérieux. Un phénomène qui, aujourd'hui encore, laisse les scientifiques à court d'explication. Sur les cinq mille clichés que Bentley a entassés un peu partout sur les vieilles étagères de la cabane, pas un seul ne montre deux cristaux de neige identiques. Même si tous ont six branches, même si tous sont d'une stupéfiante beauté, tous sont différents ! Pendant un quart de siècle, l'infatigable chasseur de flocons a effectué d'innombrables cueillettes au cœur des neiges vierges. Intercepté les flocons en plein vol, avant qu'ils touchent le sol. Fouillé les glaces en neige profonde. Mais rien à faire. Pas une seule fois il ne trouvera deux étoiles des neiges *exactement pareilles*. C'est pourquoi, émerveillé, il écrira un soir de 1925 : « Chaque flocon est un chef d'œuvre dessiné par le Créateur et pas un de ces dessins n'a jamais été répété. Quand un flocon de neige fond, ce dessin unique est perdu pour toujours, ne laissant aucune trace de sa magnifique existence[1]. »

Mais pourquoi ? Par quel miracle les milliards de flocons d'un champ de neige sont-ils à la fois tous « construits » sur le même modèle et pourtant tous uniques ?

La veille de Noël 1931, Wilson Alwyn Bentley rend un dernier souffle froid comme la neige. Quelques semaines avant, il a passé de longues heures en pleine tempête, le vent glacé sifflant jusque dans ses poumons. Et une pneumonie l'emporte.

*

Pour en savoir plus sur le mystère de la neige, tournons-nous vers la science. Que nous dit-elle ? Quelque chose d'étonnant : depuis l'aube de la vie sur Terre, il y a plus de trois milliards d'années, en comptant toutes les chutes de neige de tous les milliards

1. In http://www.jerichohistoricalsociety.org

d'hivers qui se sont succédé (dans votre jardin et partout ailleurs) il est tombé environ un milliard de milliards de milliards de milliards de cristaux de neige ! Un chiffre qui ne nous dit peut-être pas grand-chose mais qui est absolument colossal ! Allons plus loin. Chaque cristal de neige contient environ un milliard de milliards de molécules d'eau. Or, le nombre d'arrangements possibles de ces molécules pour former un seul cristal dépasse l'imagination la plus folle. Pour bien comprendre, prenons un exemple dans la vie de tous les jours. Imaginez que vous vouliez essayer toutes les façons possibles de ranger juste quinze livres (pas plus) sur une étagère. Combien y a-t-il d'arrangements différents ? En fait, la réponse donne le vertige : *plus de deux milliards* de combinaisons possibles ! Une vie entière ne suffirait pas pour réaliser, sans jamais vous arrêter, toutes les manières dont vous pouvez disposer côte à côte vos quinze livres dans votre bibliothèque. Il est alors facile de se rendre compte que le nombre de façons d'arranger le milliard de milliards de molécules d'eau dans un cristal est incroyablement plus grand que le nombre de cristaux ayant existé depuis l'aube des temps ! Il n'y a donc jamais eu deux étoiles de neige – deux cristaux de glace – absolument identiques sur notre monde. Plus vertigineux encore : compte tenu des calculs, il est également certain qu'il n'existe pas deux cristaux identiques dans l'Univers tout entier, avec ses milliards de planètes enneigées perdues dans l'infini.

*

À partir de là, reviennent les mêmes questions. Pourquoi, par quel prodige, les cristaux de neige sont-ils si magnifiquement « dessinés », comme par un artiste muni d'une règle et d'un compas ? Pourquoi ont-ils tous six pointes ? Pourquoi n'y en a-t il pas deux pareils au monde (ni dans l'Univers tout entier) ? Au XVIIe siècle déjà, le grand astronome allemand Kepler se pose les mêmes questions, presque mot pour mot. Il a inscrit en latin sur son précieux livret de cuir rouge cette question qui le hante : « Pourquoi est-ce que les flocons de neige tombent toujours avec six pointes et pas cinq ou sept[1] ? »

Kepler est un savant hors pair, comme en témoigne le Sénat de l'université de Tubingen, où il a obtenu sa maîtrise en mathématiques : « En raison de son esprit hors du commun, on peut attendre de lui quelque chose de spécial. » Et quelle chose ! C'est lui qui a décrété que la Lune était – c'est le mot qu'il invente – un *satellite*. C'est également lui qui a découvert les trois grandes lois astronomiques qui portent son nom. Qu'a-t-il trouvé ? Que les planètes ne décrivent pas des cercles autour du soleil, comme on le croyait jusqu'alors, mais des *ellipses*. La découverte est prodigieuse. Et engendre un choc immense, d'où va émerger la théorie de la gravitation universelle, comme le souligne Einstein trois cents ans plus tard.

Mais il y a plus surprenant. Après les orbites des planètes et l'infiniment grand, voilà qu'il va brusquement se tourner vers l'infiniment petit. Toujours à la recherche d'une sorte de message secret, une trace laissée par quelque chose (ou quelqu'un) dans la nature.

L'aventure commence à l'hiver 1611, à Prague, alors qu'il est depuis quelques années mathématicien impérial auprès de l'excentrique empereur Rodolphe II du Saint Empire. Un soir, alors qu'il traverse le grand pont Charles, le voilà pris dans une

1. *The Six-Cornered Snowflake : A New Year's Gift*, Paul Dry Books, Philadelphie (2010).

bourrasque de neige. « Quelques flocons épars étaient tombés sur mon manteau. Tous avaient six pointes et des rayons ouvragés. Par Hercule ! Il y avait là quelque chose de plus petit qu'une goutte d'eau, mais doté d'une forme[1] ! »

À partir de ce jour, littéralement fasciné, chaque hiver, armé de sa plume, il part à la chasse aux flocons et se demande d'où vient leur dessin si précis, si magnifiquement géométrique. Et pour lui aucun doute : si le cristal est si bien ordonné, c'est que dans ses profondeurs, au niveau des particules qui le composent (et que Kepler appelle *atomes*) il y a aussi de l'ordre. Mais d'où vient cet ordre ? Cette question en a amené une autre, aujourd'hui connue de tous : « Pourquoi les choses sont-elles comme elles sont et pas autrement ? » La réponse a de quoi surprendre : selon Kepler, les cristaux de neige sont construits d'après une sorte de plan préétabli, qu'il appelle un « principe de formation », grâce auquel tous les cristaux du monde ont six pointes. En somme, pour l'astronome, le jeu des formes au cœur de la neige, jusqu'au moindre détail, ne doit rien au hasard, bien au contraire : il est *pensé*. Mais d'où vient ce mystérieux principe de formation qui ressemble à un plan ? En 1611, le grand Kepler franchit brusquement le pas et n'hésite pas à apporter une réponse ouvertement provocatrice : dans un cristal de neige, on peut, dit-il, tout comme dans l'orbite des planètes, « lire la pensée de Dieu[2] ».

*

La pensée de Dieu !

---

1. Idem.
2. J. Kepler, *Astronomia Nova* (1609).

Nous voici au cœur de l'énigme. De ce mystère qui a hanté Wilson Bentley tout au long de sa vie. Il existe bel et bien un ordre fantastiquement précis dans chaque flocon de neige. Comme une sorte de plan. Or ce « plan » (appelons-le ainsi) a été tracé il y a longtemps. Très longtemps. À l'époque de Kepler, il y a quatre siècles, les cristaux de neige avaient déjà six sommets et de magnifiques tracés géométriques, comme ceux d'aujourd'hui. De même que les flocons tourbillonnant devant les grottes de nos ancêtres lointains, il y a un million d'années. Et les premières neiges du monde, il y a trois milliards d'années ? Là encore, les cristaux à six pointes étaient déjà là. Jusqu'aux tout premiers flocons d'eau de l'Univers, tombés sur des mondes indicibles à l'aube des temps. Autrement dit, les fameux plans étaient déjà tracés, dès la naissance de la Terre. Et même bien avant, des milliards d'années dans le passé profond. Mais encore une fois, d'où viennent-ils ? Étrangement, la réponse n'existe pas ici. Ou plutôt, pas à notre époque. Pour en savoir plus à propos de ce mystère qui a obsédé Bentley toute sa vie, il va nous falloir remonter loin dans le passé de l'Univers. Jusqu'à une infime fraction de seconde après le Big Bang. Là, tourbillonnant dans le premier feu du monde, nous allons trouver un flot de chiffres étranges, sans dimension, sans fin, qu'on appelle des constantes universelles. Et aussi de mystérieuses « instructions », codées dans la matière naissante, qui forment les lois (connues et inconnues) de notre Univers. Mais d'où viennent-elles ? Comment sont-elles là, avant même la matière ?

Une fois de plus, Bentley griffonne ces questions vertigineuses sur son vieux carnet de cuir rongé par le vent. Nous sommes en 1916. Plus de trente ans se sont écoulés depuis ce fameux jour où il a photographié son premier flocon.

*

C'est l'été.

Mollement assis sur sa chaise à bascule, Bentley savoure le soleil, comme pour faire provision de bonne chaleur avant l'hiver. La neige est encore loin et il en profite pour se détendre en lisant des revues sur les merveilles de la nature. Son espoir secret ? Qu'un jour d'autres scientifiques, plus instruits que lui, puissent l'aider à percer enfin le mystère. Or, voilà qu'au hasard de ses lectures, il découvre que quelque part en Allemagne, il existe une université où sont rassemblés les meilleurs savants de leur temps. Des géomètres imbattables. Des mathématiciens prodigieux dont les idées se sont imposées à tous dans le monde entier.

Où se trouve ce paradis de la pensée ? Dans une ville de Basse-Saxe dont il n'a jamais entendu parler jusqu'alors et qui s'appelle Göttingen.

Göttingen !

Bentley l'ignore mais c'est un lieu mythique. Son université rassemble la fine fleur de la pensée et depuis le milieu du XIXe siècle, elle n'a cessé d'accentuer son irrésistible ascension, jusqu'à devenir la première du monde. Or dans ce qu'il lit, une chose le frappe : les chefs de file de cette nouvelle école – tous mathématiciens – parlent d'un principe étrange, qui serait l'explication ultime de l'ordre et de la beauté rencontrés chaque jour dans la nature. Ce principe, ils l'appellent « l'harmonie préétablie » !

Bentley se frotte les yeux.

Se pourrait-il que cette harmonie préétablie soit la clef du mystère ?

Dans le chapitre qui suit, nous allons faire un premier pas vers cette énigme. Sur notre chemin, nous allons rencontrer trois hommes-clefs. Vers la fin du

XIXe siècle, ce ne sont encore que trois jeunes gens en culottes courtes, réunis par hasard en Prusse-Orientale, dans une ville qui, aujourd'hui, n'existe plus. Ils ne le savent pas encore, mais ils vont changer le monde. Et ce que vous allez découvrir avec eux va à coup sûr changer votre façon de voir les choses.

3

Au collège de Königsberg

Octobre 1878. Ce soir-là, un jeune Prussien d'une dizaine d'années, engoncé dans son uniforme de collégien trop étroit, griffonne à traits nerveux sur son précieux calepin. Malgré le froid qui descend des montagnes, il est obligé de rester en culottes courtes jusqu'au 15 novembre. C'est le règlement. Il vient d'entrer en troisième à l'ancien collège de Königsberg, vieille cité germanique rasée par les Russes en 1945 et dont le nom même n'existe plus. Une ville de conte de fées, célèbre pour l'énigme de ses sept ponts, qui se dressait autrefois sur les bords de la Baltique, en Prusse-Orientale.

La vie au collège est dure. Lever à six heures. Douche glacée. La discipline *allemande*. Presque rien n'a changé depuis l'époque où l'illustre philosophe allemand Emmanuel Kant était lui-même dressé à coups de fouet dans ce haut lieu de l'éducation, cent ans plus tôt. Mais rien ne fait peur à ce gamin un peu trop sérieux sous son grand front. Il s'appelle Arnold Sommerfeld.

D'une stupéfiante rapidité dans les calculs, aussi fort en langues – il en parle déjà quatre – qu'en histoire ou en géographie, le petit Sommerfeld est depuis toujours le premier de sa classe. Il fait la fierté de ses parents, surtout de sa mère qu'il adore et dont il dira bien plus tard qu'il lui doit « une dette infinie pour son énergie et sa vigueur intellectuelle ». Mais il a beau être doué en tout, il est bien loin de se douter qu'un jour il va bouleverser le monde.

En attendant, le petit Arnold n'a pas la moindre idée de ce qu'il va faire quand il sera grand. Écrivain ? Médecin, comme son père ?

Or, par ce brumeux soir d'octobre 1878, quelqu'un – l'un de ses camardes du collège – va lui apporter la réponse – en disant quelque chose qu'il n'oubliera jamais et qui va changer le cours de sa vie. Lui permettre d'ouvrir un très long chemin jusqu'au cœur de la matière, d'y trouver une clef qui permettra à d'autres d'ouvrir les portes secrètes derrière lesquelles brûle le feu de la création. Là où l'on peut s'attendre à trouver la toute première trace de cet ordre cosmique éblouissant qu'Einstein appellera un jour « la pensée de Dieu ».

*

Dans ces années 1870, l'idée qui domine, depuis les salons des beaux quartiers jusque dans la rue, c'est que la substance du monde est de nature *matérielle*. Une matière éternelle, immuable, sans origine et sans fin, qui ne doit son existence qu'à elle-même. Quoi de plus vrai ? La science chaque jour le prouve ! La matière, disséquée dans les laboratoires, est faite de molécules, lesquelles sont à leur tour constituées d'atomes. Et de rien d'autre. Ce règne matériel s'étend sans limite, à tel point qu'on est alors persuadé que l'Univers est infini. Qu'il n'a jamais connu de commencement. Et qu'il n'aura *jamais* de fin. Aussi une et indivisible que ces républiques qui naissent un peu partout en Europe, la matière est partout, comme un être universel. Puisque rien ne se perd et que rien ne se crée, il n'y a nul besoin de ce principe créateur, de cette cause première que certains appellent encore Dieu.

Tout cela, le petit Sommerfeld l'entend du matin au soir.

*

Sommerfeld !

Retenez le nom de ce gamin : il deviendra légendaire dans le monde entier. Et il a changé votre vie. C'est grâce à lui, ce petit Prussien en culottes courtes, que vous avez la chance de vous servir tous les jours d'un téléphone portable. Et de mille autres merveilles encore.

Cité quatre-vingt-une fois pour le prix Nobel, il a été le directeur de thèse – autant dire le maître à penser – des plus grands Prix Nobel de l'histoire, fondateurs de la mécanique quantique ou autre, tels Heisenberg, Pauli, Bethe, Pauling, Debye et bien d'autres. À lui seul, il dirigera plus de thèses de doctorat qu'aucun autre scientifique avant ou après lui. Mais surtout, il percera l'un des plus fabuleux secrets de la nature. En découvrant en 1916, enfoui dans les profondeurs de la matière, *un nombre*. Une étrange suite de chiffres, dont la course infinie nous entraînera vers l'énigme rencontrée par Bentley dans ses champs de neige. Et bien plus loin encore. D'où vient ce nombre pur ? Mystère. Des dizaines d'années après sa découverte, le théoricien Richard Feynman, prix Nobel de physique, s'écriera : « C'est l'un des plus grands mystères de la physique : un nombre magique donné à l'homme sans qu'il y comprenne quoi que ce soit. On pourrait dire que "la main de Dieu" a tracé ce nombre et que l'on ignore ce qui a fait courir Sa plume[1]. »

1. Richard P. Feynman, *QED : The Strange Theory of Light and Matter*, Princeton University Press, Penns. (1985).

Mais tout cela est encore bien loin. Tout ce qui compte pour lui ce soir-là, c'est cette bille qu'il triture entre ses doigts. Elle a été fendue par Minkowski, un de ses copains à la mâchoire carrée, un peu plus âgé. Cet idiot a tapé trop fort dedans. Du coup, un morceau est parti, creusant une longue fente d'un pôle à l'autre. À cause de ça, il ne lui en reste plus que quatre de bonnes. C'est son père, le docteur Franz, qui les lui a offertes pour Noël. Un médecin jovial, porté aux nues par ses patients, et qui passe son temps libre à collectionner les objets de la nature (de l'ambre, des coquillages ou des cristaux de toutes les couleurs...). Autant de choses qui fascinent le jeune Arnold et qui le poussent depuis tout petit à se demander d'où vient leur beauté, quel message mystérieux se cache à l'intérieur, dans cet ailleurs étrange qu'est l'infiniment petit.

Ce soir-là, il attend son copain Minkowski au fond de la cour de récréation depuis presque une heure. Ce dernier lui a promis de remplacer sa grosse bille fendue.

Minkowski !

Encore un nom de légende ! La saisissante formule de l'un de ses adeptes, le mathématicien Harris Hancock, suffit à le décrire encore adolescent : « Sa compréhension instantanée des concepts géométriques paraissait presque surhumaine. » Au collège de Königsberg, personne ne se doute que c'est lui, cet adolescent au teint pâle qui, trente ans plus tard, va découvrir l'espace-temps à quatre dimensions. Qu'à grands coups de visions fulgurantes, d'équations et de calculs monumentaux, celui qui plus tard deviendra le professeur d'Einstein va abattre les murailles aveugles de l'ignorance. Ouvrir la voie vers le Big Bang. Et arracher aux ténèbres l'un des plus grands secrets de l'Univers.

Avec David Hilbert, Felix Klein, Arnold Sommerfeld et d'autres que nous allons découvrir dans ce livre, Minkowski deviendra l'un des maîtres de l'école de pensée mathématique la plus puissante du monde : l'école de Göttingen ! Une école par laquelle sont passés pratiquement tous ceux qui ont construit la physique des XXe et XXIe siècles – les Poincaré, Einstein, Planck, Weyl, Heisenberg, Born et tant d'autres. Sans le savoir, chacun d'eux nous apportera ici un indice, là un fragment, plus loin une trace de *l'ordre* – de « l'harmonie préétablie », comme on dit à Göttingen – existant dans les profondeurs de notre Univers. La révolution que vous allez découvrir au fil des pages est d'une formidable puissance, et nous conduira, irrésistiblement, vers cette énigme suprême qu'Einstein, en 1922, a appelé (faute d'une meilleure expression) la « pensée de Dieu ».

*

Pour l'heure, le petit Sommerfeld ne sait pas trop si Hermann est russe, polonais ou allemand. Tout ce qu'il peut dire, c'est que son camarade de lycée est né au fin fond de la Russie, à Aleksotas, une bourgade perdue entre deux déserts. Ses parents, Lewin et Rachel, sont des juifs allemands habitués à voyager mais qui ont décidé de poser leurs bagages à Königsberg. Depuis, le père s'est lancé dans les affaires. Sommerfeld sait aussi que Hermann a deux frères, dont il parle de temps en temps. L'aîné n'a pas eu la chance d'aller à l'école. Son origine juive lui a barré tout net l'entrée du collège. Il n'a jamais pu s'en remettre et n'a pas eu d'autre choix que de rejoindre son père dans le monde des affaires. Le second s'appelle Oskar. Heureusement pour lui, il a pu entrer au lycée de la vieille ville et deviendra plus tard un médecin réputé dans la lutte contre le diabète (il est l'un des découvreurs de l'insuline).

Mais au fond, Sommerfeld se fiche totalement de savoir d'où vient son copain ! Juif, russe ou allemand, ce qu'il attend ce soir-là, c'est que Minkowski lui donne une bille neuve. Pour le reste, il aime bien son uniforme « de grand », avec ses galons et ses épaulettes dorées. Depuis la rentrée, Minkowski ne quitte plus ses lunettes ovales qui lui donnent l'air d'un révolutionnaire russe au bord de la révolte. En attendant, il se contente d'être, comme chaque année, le premier de sa classe. Si d'aventures le professeur peine à expliquer quelque chose au tableau, ses camarades scandent aussitôt en chœur : « Minkowski ! Au secours... ! » Généralement, il ne lui faut que quelques minutes pour trouver la solution...

Du haut de ses quatorze ans, Minkowski est donc déjà quelqu'un au collège de la vieille ville. Entre autres, tous les élèves savent qu'il a une mémoire foudroyante. Il lui suffit de lire un texte une fois pour ne plus l'oublier. Deux ans plus tôt, à l'été 1876, il a fait sensation en jouant au théâtre le rôle d'Othello. Depuis, il a appris par cœur les principales œuvres de Shakespeare, Schiller et Goethe, « pour ne plus avoir à apprendre autre chose que des textes scientifiques », lance-t-il à ses camarades en riant. Car sa vraie passion, là où éclatent ses dons hors du commun, c'est la science. Les nombres et leurs fabuleuses énigmes. Du matin au soir, il dévore les traités d'algèbre, pourchasse les articles de géométrie, couvre ses étagères de comptes rendus d'un niveau très au-dessus de son âge.

*

À une demi-heure de marche du lycée se trouve l'imposant portail sculpté d'un bâtiment baroque dont Minkowski rêve en silence chaque fois qu'il passe devant : l'université de Königsberg. Après le collège, Emmanuel Kant y est entré pour enseigner la philosophie. Une oeuvre colossale qui, sous sa plume de fer, a creusé le lit de ce que, vers 1850, on commence à appeler le « matérialisme ». Comme tous les élèves de son époque, Minkowski s'est vu répéter par ses maîtres que l'Univers n'est rien d'autre qu'un champ de matière, étendu à l'infini dans l'espace comme dans le temps. Qu'il n'a ni commencement ni fin. Les étoiles brillent là-haut d'un éclat éternel et s'enfoncent dans l'infini sans jamais rencontrer de frontières. Ces idées sont martelées entre autres par un tribun redoutablement efficace, dont la voix tonnante se fait entendre dans tous les cercles, intellectuels comme scientifiques. C'est celle du philosophe allemand en exil Karl Marx. Déjà en 1841, la thèse de doctorat de cet étudiant à la barbe hirsute et aux cheveux en bataille portait sur la théorie atomique de Démocrite. Quarante ans plus tard, ses disciples de plus en plus nombreux brandissent haut et fort le drapeau du matérialisme et assènent (parfois à coups de gourdin sur les barricades) que la matière, faite d'atomes, existe depuis toujours et pour toujours. Une manière de penser qui, vers la fin du XIXe siècle, s'est largement imposée chez les scientifiques en blouse blanche et col cassé.

Pourtant, sans qu'il sache pourquoi, Minkowski n'est pas vraiment d'accord. En futur mathématicien – ce sera sa vie –, il pense autrement. En particulier, le garçon est parfois traversé par l'idée secrète, inavouable, que l'Univers n'est pas fait d'atomes mais d'autre chose. Que la matière n'est ni infinie ni éternelle.

Comme tous les génies en herbe, Minkowski s'ennuie en classe. Ses joies intellectuelles, il va les chercher ailleurs. Un jour, son grand frère lui a donné un texte écrit de la main de l'immense physicien James Clerk Maxwell, celui qui, grâce au pur calcul, a découvert les lois de l'électromagnétisme. Le plus grand savant depuis Newton, comme l'a affirmé Einstein en 1931. Or, celui-ci a écrit en 1868 : « Un matérialiste strict croit que tout dépend du mouvement de la matière. » Ajoutant, avec une fulgurante intuition de l'existence d'une origine pour l'Univers : « La raison pour laquelle nous n'attendons rien de la sorte à aucun moment est notre expérience des processus irréversibles, et ceci nous amène à la doctrine d'un *commencement* et d'une fin, au lieu d'une éternelle progression cyclique[1]. »

Un commencement pour l'Univers entier ! Depuis qu'il l'a découverte, l'idée bouillonne dans la tête de l'adolescent. Mais comment en être certain ? Il lui faut rencontrer un vrai mathématicien. Le seul qui existe à Königsberg se trouve à l'université et s'appelle Heinrich Weber. Il détient l'unique chaire de mathématiques du pays mais il est inaccessible. Dommage, car il passe pour l'un des meilleurs experts en Europe de cette branche à bien des égards mystérieuse, qu'on appelle la « théorie des nombres ».

Les nombres. Leur mystère.

Retenez simplement que la théorie des nombres s'occupe en général des nombres, avec cependant une priorité accordée aux nombres *entiers*, ceux que vous utilisez tous les jours en comptant sur vos doigts, comme 1, 2 ou 3. Des nombres rois, que le très conservateur mathématicien allemand Leopold Kronecker portait aux nues. Pour couper court à tout débat selon lui inutile, il grondait, les sourcils froncés, à qui voulait l'entendre : « Dieu a crée

1. P.M. Hannan (éd.) *The Scientific Letters and Papers of James Clerk Maxwell,* Cambridge University Press, Cambridge (1995).

les nombres entiers. Le reste est l'invention de l'homme[1]. »

Il est vrai que ces nombres que nous utilisons du matin au soir sans faire attention sont, en réalité, bourrés de mystères. Ils entretiennent d'étranges relations entre eux, souvent stupéfiantes, que les théoriciens s'acharnent depuis des siècles à débusquer. Mais il y a plus. Car les nombres – en particulier ceux qu'on commence à appeler à l'époque les « nombres purs » – ont avec la réalité physique des liens invisibles. Des liens qui nous ouvrent une voie insolite, semée de coups de théâtre, vers les mystères les plus obscurs de l'Univers.

*

Tout cela fascine l'élève Minkowski. Souvent, au lieu de déjeuner au réfectoire du lycée, il préfère rester des heures à regarder fixement sur son cahier, comme hypnotisé, la succession de chiffres formant ces grands nombres de légende que sont π ou encore le nombre d'or. Il le sent, *il le sait*, chacun de ces nombres contient un secret brûlant. Une clef qui peut donner accès à ce qu'il y a de plus profond dans tout l'Univers. À ce mystère suprême qu'un jour, après le grand peintre français Vincent Van Gogh, après le philosophe danois Soren Kierkegaard et le grand physicien Max Planck, il ose à son tour appeler « la pensée de Dieu ».

Mais on peut vite trébucher quand on est tout seul. Encore une fois, pour ne pas se perdre en route, Minkowski doit à tous prix se trouver un guide. Vers qui se tourner ? Pour commencer, vers le bon docteur Hübner, son professeur de mathématiques au lycée. Hélas, rapidement dépassé par

1. H. Weber, « Leopold Kronecker », *Jahresberg,* vol. 2 (1891).

l'élève, le maître bredouille et finit par caler devant ses questions toujours plus difficiles. Pour échapper à la pression, Hübner s'arrange donc pour le présenter, un soir après les cours, au professeur Heinrich Weber. Une aubaine ! Celui-ci règne en maître sur l'université de la ville et Minkowski rêvait de le rencontrer. En moins d'une demi-heure, l'austère mathématicien comprend à qui il a affaire. Inutile de prendre des gants ! Il lui assène alors les questions les plus déconcertantes. Tente de le pousser à la faute. Mais rien à faire ! Sans se démonter, le jeune prodige a réponse à tout. Passablement ébranlé, Weber congédie ses visiteurs et, dans la foulée, s'empresse d'adresser une lettre (devenue aujourd'hui célèbre) à son illustre collègue, le grand Richard Dedekind. Entre autres, il y disait avoir fait la connaissance d'un lycéen exceptionnellement prometteur, un tout jeune génie de la théorie des nombres.

Et c'est là que le destin va se mêler des affaires humaines. Car il existe à Königsberg un autre collégien capable de se mesurer à Sommerfeld. De calculer de tête des relations totalement inattendues entre les nombres. Cet adolescent aux jambes longues et maigres, perpétuellement coiffé d'un chapeau en toile blanche, a deux ans de plus que lui. Sa mémoire est loin d'être aussi prodigieuse que celle de Minkowski. Mais il n'a pas son pareil pour saisir d'un seul coup d'œil, à toute vitesse, la solution d'un problème. Et il déborde aussi bien d'assurance que d'imagination. Pour autant, le jeune homme n'est pas inscrit à l'ancien collège (considéré comme le meilleur) mais au sinistre lycée Frédéric, quelques centaines de mètres plus loin. Un établissement grisâtre, peuplé d'élèves à la traîne, et que le jeune homme compare à un pénitencier. Il est loin de s'y sentir chez lui. Entre autres, il supporte de plus en plus mal les coups de cravache qui pleuvent du matin au soir sur les épaules, pour un oui ou pour un non. Un matin, fulminant de rage, il a même failli donner un coup de poing au surveillant principal qui, quelques minutes plus tôt, avait cassé ses lunettes. Une catastrophe évitée d'un cheveu.

Séparés par de hautes murailles, Minkowski et lui ne se sont croisés que deux fois, sur le chemin du terrain de sport de Königsberg. Une heure à chaque fois. Mais Hermann n'a jamais oublié ces moments passés ensemble à discuter de questions à donner le tournis, même aux professeurs. Sans qu'il s'en doute, entre deux passes de ballon, il avait parlé avec celui qui allait devenir l'un des plus grands mathématiciens de l'histoire. Quelqu'un qui, bien plus tard, passera une nuit entière à discuter avec Einstein de la pensée de Dieu.

Il s'appelait David Hilbert.

Sommerfeld. Minkowski. Hilbert. Alors qu'ils se croisent en culottes courtes dans les anciennes ruelles de cette ville détruite à coups de canon par les Russes en 1945, les trois jeunes ne savent pas que plus tard, ils seront liés par une amitié inébranlable, qui va durer toute leur vie. Et que soudés comme des mousquetaires, ils vont dominer la science, briser les anciens obscurantismes et provoquer une révolution qui s'est propagée jusqu'à aujourd'hui et dont nous allons vous faire entrevoir certains aspects encore inconnus.

*

Pour l'instant, le petit Sommerfeld est toujours en train d'attendre Minkowski au fond de la cour. D'habitude son copain n'est jamais en retard. Pourquoi n'arrive-t-il pas ? Parce qu'il ne veut pas lui changer sa bille fendue ? Le collégien ne le sait pas encore mais il s'est passé quelque chose. Un événement insignifiant en apparence mais qui va faire basculer leur existence à tous les deux.

4

Des nombres au fond de la matière

Bientôt six heures du soir.

Un à un, les élèves de l'ancien collège de Königsberg ont déserté la cour de récréation. C'est l'heure de regagner la salle d'étude. Soudain, la petite porte de fer au fond du préau s'ouvre en grinçant. Le petit Sommerfeld pousse un cri de surprise. *Minkowski !* Il ne l'attendait plus !

Les deux têtes de classe ont pris l'habitude de se retrouver après les leçons, pour se lancer des tas de devinettes et d'énigmes hérissées de pièges. Quelquefois, il leur arrive aussi de passer des heures à jouer aux billes sans dire un mot. Mais aujourd'hui, pas question de s'amuser. Ni pour Sommerfeld de récupérer son bien. Mâchoire serrée, l'élève Minkowski a sa tête des mauvais jours.

Deux heures plus tôt, il s'est attiré les foudres de son professeur de physique, un gros à la barbe grise avec lequel il ne s'entend pas vraiment. La preuve, il vient de récolter une colle assortie en prime d'un zéro ! La question posée était pourtant simple : de quoi est faite la matière ? Dans les années 1870, on sait déjà que celle-ci est composée de myriades de petits grains invisibles appelés atomes. Mais ce n'est pas du tout ce que Minkowski a répondu face au tableau noir. Après avoir respiré un bon coup, il a soutenu sans sourciller que tout ce qui existe – les chaises, les tables, les arbres, les chiens – tout cela, n'est pas fait d'atomes mais de *nombres* ! Des chiffres tels que 1, 2 ou 3. Et rien d'autre.

La prise de position de cet adolescent surdoué, d'habitude si bien-pensant, est insolite. Jusqu'ici, il ne s'est fait remarquer que parce qu'il collectionne les bonnes notes. Ou parce qu'il connaît l'œuvre des grands mathématiciens de son siècle mieux que ses professeurs. Pur produit de la science allemande, Minkowski n'a rien d'un mystique. Alors d'où lui est venue cette idée saugrenue de nombres à la place des atomes ? Ce que Minkowski n'a pas dit à son professeur bouillant de colère, c'est que quelques semaines plus tôt, il est tombé sur une phrase du célèbre mathématicien et philosophe Pythagore (celui dont vous avez appris par cœur en classe le fameux théorème). Cette phrase l'a littéralement ébloui : « Toute chose est nombre. » Et puis, quelques jours plus tard, en voulant approfondir ce théorème décidément magique, il a découvert (un peu par hasard) l'œuvre d'un mathématicien et philosophe anglais à l'époque peu connu, mais qui est aujourd'hui considéré comme l'un des plus puissants esprits de la seconde moitié du XIXe siècle : William Kingdon Clifford. Et tout va basculer.

*

Ancien étudiant de la fameuse université de Cambridge, Clifford y a collectionné les plus beaux prix, survolant de sa perspicacité hors norme toutes les sciences de son temps, mathématiques en tête. Il a publié son premier article en 1863, à dix-huit ans à peine. Sa rapidité est foudroyante, son sens pédagogique sans équivalent, comme l'a rappelé en mai 2005 la fine fleur des mathématiciens et physiciens théoriciens réunis à l'université de Toulouse dans le cadre du 7e Congrès international consacré aux algèbres de Clifford.

À vingt-neuf ans, Clifford est élu à la très fermée Royal Society de Londres et devient membre de la Société mathématique d'Angleterre. Il se marie en 1875 avec Lucy, une romancière au caractère attachant, devient père de deux petites filles qu'il adore et à qui il raconte, le soir, de merveilleux contes de fées de son invention pendant de longues heures. Hélas, tout a été trop vite pour ce savant d'exception. Donnant ses cours le jour, écrivant la nuit, il s'épuise au travail et finit par s'éteindre en 1879, à trente-trois ans à peine sur l'île de Madère, à bout de force. Sa tombe, rafraîchie d'herbes folles, se trouve aujourd'hui à quelques pas de celle de Karl Marx à Londres.

Mais à chaque instant de sa courte vie, Clifford a proposé des idées nouvelles. Et son palmarès est admirable : les puissantes « algèbres de Clifford », bien sûr, mais aussi l'algèbre géométrique, la géométrie projective et d'innombrables domaines en physique mathématique. Autant de thèmes qui témoignent d'un esprit très inventif mais aussi très méfiant face à l'irrationnel. Quoi d'autre ? Les expressions « produit scalaire » et « produit vectoriel », universellement utilisées aujourd'hui, c'est lui. C'est encore lui qui, dès 1870 (et donc bien avant tout le monde), suggère que la matière et l'énergie peuvent être considérées comme une manifestation de la courbure de l'espace, idée spectaculaire, à la base de la relativité générale d'Einstein.

Mais parmi tous ces trésors, il y en a un qui retient particulièrement l'attention du jeune Minkowski : celui de « substance mentale » (ce sont les propres mots de Clifford). De quoi s'agît-il ? D'un concept suffisamment riche pour que le grand astrophysicien anglais sir Arthur Eddington, directeur de l'observatoire de Cambridge et détenteur de la chaire d'astronomie de cette prestigieuse université s'en empare un demi-siècle plus tard et lui consacre tout un livre avec enthousiasme. Pourquoi un tel engouement de la part de ce savant ultraconservateur ? En fait, à partir de 1875, Clifford s'enferme dans son bureau et se pose une question pour le moins insolite, qui appartient déjà au XXe siècle : quel est le fond ultime de la matière ? De quoi est fait *in fine* le monde autour de lui ? Quelle est la substance profonde, *première*, d'une chaise ou d'une pomme ? Trois ans plus tard, et au terme de plusieurs centaines de pages, sa réponse tombe dans un étonnant ouvrage publié en 1878 et qui fait grand bruit en Angleterre : « L'Univers est entièrement fait de "substance mentale" » ! La formule a de quoi choquer dans la bouche de ce mathématicien particulièrement prudent, respecté de tous et, de plus, ouvertement athée (en 1866, il se cabre et refuse publiquement de signer l'incontournable Acte de foi protestante de l'université de Cambridge). Mais décidément très en verve sur le sujet, malgré la vague d'interrogations sceptiques qu'il a soulevée parmi ses pairs, Clifford persiste. « La réalité ultime, c'est l'esprit[1] », lance-t-il en riant à ses collègues réunis lors d'une conférence au siège de la Royal Society en 1878. Le ton est provocateur et la formule fera le tour de l'Europe. Pour finalement parvenir aux jeunes oreilles de Minkowski, attentif à tout ce qui pouvait bouger à l'horizon des sciences.

1. « On the Nature of Things in Themselves » (1878), in *Lectures and Essays* (1879).

*

Mettons-nous un instant à la place du jeune lycéen de Königsberg. La tête bien vissée sur les épaules, il est déjà extrêmement conservateur et ne va pas s'aventurer n'importe où. Mais sa jeunesse, doublée du fait qu'il admire l'ouvrage mathématique de Clifford, lui ouvre un chemin sans doute interdit à d'autres (et surtout à son professeur de physique). Après avoir lu avidement un compte rendu dans un journal de philosophie, il comprend que pour Clifford, le fond ultime de la réalité, ce n'est pas ce qu'on appelait encore à l'époque l'atome mais quelque chose de tout autre. Quelque chose de totalement immatériel, sans substance, qui s'apparente à ce que l'on désigne aujourd'hui en science sous le nom d'*information*. Une information accessible seulement aux mathématiques. Et c'est à ce stade que Minkowski a soudain une illumination : cette information qui caractérise tout l'Univers repose en fait sur ces choses elles-mêmes immatérielles, qu'il connaît si bien : les nombres ! Son professeur a repoussé cette idée ? Peu importe ! Il se jure de le convaincre. En devenant un véritable expert en théorie des nombres.

En face de lui, vaguement ébranlé, le petit Sommerfeld a rangé ses billes dans sa poche. Ce n'est pas ce soir qu'ils joueront. Depuis quelques minutes, il crayonne une série de chiffres sur son cahier. Son regard bleu se perd dans la poussière.

Et si, au fond, c'était vrai ?

Si, au cœur de l'infiniment petit, enfouis dans les profondeurs de la matière, il y avait bel et bien des *nombres* ? Après tout, pourquoi les objets de tous les jours (par exemple ces cailloux devant lui) ne pourraient-ils pas reposer sur « autre chose » que sur la matière atomique ? Cette question va hanter Sommerfeld toute sa vie. D'autant que dans ce qu'a dit Minkowski, il y a un détail brûlant. Un détail qui resurgira trente-sept ans plus tard et qui va faire basculer le destin de Sommerfeld.

*

Mais tout cela est encore loin. Pour l'heure, la voix desséchée du surveillant claque au fond de la cour. Tous les élèves la connaissent et la redoutent. À Königsberg, on ne plaisante pas avec les horaires et il est temps de regagner la salle d'étude. Tandis que les deux camarades passent tête baissée devant lui, l'homme en blouse grise est loin de se douter que trente ans plus tard, ces deux-là seront célèbres dans le monde entier et qu'ils vont bouleverser de fond en comble notre représentation de l'Univers.

5

Les princes de Göttingen

Deux ans se sont écoulés depuis la sortie tonitruante de Minkowski. À présent, celui-ci est devenu un solide gaillard aux boucles noires, dont le regard aigu, protégé par ses emblématiques lunettes cerclées, tente de percer tous les mystères qui passent à sa portée. C'est désormais – et de loin – le meilleur élève de terminale de tout le collège, avec plus de deux ans d'avance.

Le rythme des cours est devenu infernal. Sommerfeld et Minkowski n'ont plus vraiment le temps de se voir. Pour ce dernier, plus question de jouer aux billes : désormais, les mathématiques (en particulier la théorie des nombres) absorbent tout son temps libre.

La nuit, lorsqu'il rêve éveillé face aux étoiles, il commence à se demander si l'Univers ne dissimule pas dans ses profondeurs quelque chose comme un secret. Une sorte de « message », codé en langage mathématique, dont seul le géomètre ou le théoricien des nombres pourrait déchiffrer, ici et là, quelques fragments. À l'appui de cette idée, il y a cette phrase écrite par le grand astronome Galilée au début du XVIIe siècle. Une phrase provocante, que Minkowski se répète parfois à voix haute : « Le grand livre de la nature ne peut être lu que par ceux qui connaissent le langage dans lequel il a été écrit. Et ce langage est mathématique. »

Un langage mathématique !

Minkowski, lui aussi, est *mathématicien*. Donc lui aussi peut, à son tour, déchiffrer le livre de la nature. Faire parler le mystère du monde. Mais comment s'y prendre ? À quinze ans, les frontières du courage et de l'ambition sont encore loin devant lui. Alors germe dans sa tête un projet grandiose. Il doit frapper un grand coup. Réussir un exploit que personne n'a jamais pu accomplir avant lui.

*

Il n'a pas encore seize ans mais décroche son bac haut la main et quitte le lycée en avril 1880. Dans la foulée, particulièrement en forme, il fait son entrée à l'université de Königsberg. Et quelle entrée ! En juin 1881 – il a tout juste dix-sept ans – l'Académie des Sciences en France annonce que le Grand Prix de mathématiques sera remis à celui qui parviendra à résoudre ce problème horriblement difficile : montrer comment un nombre entier quelconque peut se décomposer en la somme de cinq carrés. L'enjeu est de taille. Les plus grands ont calé devant cette énigme, mais qu'importe ! Minkowski tient son exploit.

Le jeune étudiant se met donc hardiment au travail. Couvre chaque jour de calculs des dizaines de feuilles blanches. En oublie de manger. Et même de dormir. En cet été 1881, Einstein n'est encore qu'un bébé de deux ans qui, le dimanche, trotte en barboteuse sur les pelouses du célèbre Jardin anglais à Munich. Cet été-là, Minkowski est aussi à Munich avec ses parents et il l'a sans doute croisé, sans se douter qu'un beau jour, il deviendrait son professeur de mathématiques à Zurich. Et que les mystérieuses « formes quadratiques » sur lesquelles il travaille d'arrache-pied jour et nuit pour gagner le terrible concours vont permettre à ce petit enfant silencieux de réussir la plus grande révolution scientifique de tous les temps. Tout en déchiffrant au passage quelques fragments de ce qu'il allait appeler « la pensée de Dieu ».

Contrairement au règlement, Minkowski a envoyé sa copie – un manuscrit de plus de cent pages – en allemand et pas en français. De quoi l'éliminer ! Comme on pouvait s'y attendre au sein de cette sévère institution française, la copie de l'adolescent allemand a provoqué des discussions houleuses – l'un des membres, particulièrement remonté, menace même de démissionner avec fracas – et il s'en est fallu de peu que la liasse de feuillets ne finisse au panier. Mais dès la lecture des premières pages, les membres du jury sont stupéfaits. Jamais ils n'ont vu un tel mélange de simplicité et de profondeur. À tel point qu'ils passent outre les conventions et décident de décerner quand même à Minkowski la récompense suprême. Il faut dire qu'à la fin de son mémoire, le jeune homme a griffonné en français cette belle pensée de Boileau : « Rien n'est beau que le vrai ! Le vrai seul est aimable. » Une devise qui a inspiré toute la vie de Minkowski. Enthousiastes, les membres du jury lui font donc un triomphe. Et c'est très solennellement que le Grand Prix de l'Académie lui est attribué (ainsi qu'à un vieux mathématicien anglais) le 2 avril 1883. Soulevé d'allégresse, Camille Jordan, l'un des grands savants français de l'époque, lui écrit : « Je vous prie Monsieur, travaillez ! Pour devenir un très grand mathématicien. »

En fait, le jeune prodige a déjà beaucoup d'avance. Ayant pris l'habitude de calculer le plus souvent sans notes, son intuition est maintenant foudroyante.

Tout comme sa force de travail. D'ordinaire effacé, il devient féroce dès qu'il s'attaque à un problème. Il peut rester des nuits entières sans dormir, jusqu'à ce qu'il ait trouvé la solution. Bien sûr, tout cela ne laisse pas indifférents les autres étudiants. Mais Minkowski ne va pas se lier avec n'importe qui. Ce à quoi il pense désormais tous les jours, c'est à percer les secrets ultimes de l'espace et du temps. Découvrir par quel miracle l'Univers existe. Ses amis devront partager ses idées et être capables de l'aider. Le premier sur la liste est ce jeune homme maigre au regard acéré qu'il a croisé autrefois au lycée. De retour d'un semestre passé à l'université de Berlin, Minkowski tombe sur lui par hasard un beau matin du printemps 1882. Et il le reconnaît tout de suite.

Hilbert !

Le troisième mousquetaire ! Savant aujourd'hui mythique, souverain dans presque tous les domaines des mathématiques, Hilbert est très rigoureux mais, en même temps, déborde d'imagination – et même de courage ! Un soir de 1934, alors qu'il était invité à un banquet en présence du ministre nazi de l'Éducation, celui-ci l'apostropha dans un ricanement qu'il voulut aimable :

— Alors, Monsieur le professeur, comment vont les mathématiques à Göttingen, maintenant qu'elles sont libérées de l'influence juive ?

La mâchoire serrée sous sa barbe, Hilbert grommela en haussant les épaules :

— Les mathématiques à Göttingen ? Quelles mathématiques ?

Puis il se leva d'un bloc et quitta la table.

En somme, Hilbert incarne l'image parfaite du libre penseur. Un penseur prodige ! Il est le père du fameux « espace de Hilbert » et des vingt-trois problèmes monumentaux qui, depuis 1900, portent son nom et ont tourmenté des générations d'étudiants. Cinq jours avant Einstein, il parvient, presque sans efforts, à formaliser en quelques semaines l'essentiel de la relativité générale. Plus que tout autre, il a fait sienne avec ferveur l'antique devise de Göttingen, qu'on peut encore lire aujourd'hui à l'entrée du réfectoire historique : « *Extra Gottingam non est vita* », autrement dit « Hors de Göttingen, il n'y a pas de vie ». L'immense influence de Hilbert va toucher à peu près tous les domaines. Avec son feutre clair vissé sur la tête, son regard d'oiseau de proie, c'est le troisième pilier de cette jeune bande qui finira par mettre le feu à la science du XXe siècle.

*

Sans qu'il sache vraiment pourquoi, le père de Hilbert – un juge sévère qui adore exhiber sa robe noire – se méfie de Minkowski. En raison, peut-être, de ses origines juives. Peut-être aussi parce que depuis son fameux prix, le jeune Hermann est devenu une véritable vedette à Königsberg et dans l'Allemagne entière. « Faire la connaissance de quelqu'un d'aussi célèbre serait une impertinence ! » grimace le juge à l'adresse de son fils. Mais au diable les conseils ! Hilbert a saisi sa chance. Se rapprocher de quelqu'un du calibre de Minkowski vaut bien de bousculer quelques réticences familiales.

À partir de là, les nœuds du destin vont progressivement se resserrer. Les deux étudiants se croisent de plus en plus souvent, sur les bancs lustrés de l'université ou ceux des austères réfectoires. Peu à peu ils se découvrent une foule de points communs. Entre autres, tous les deux sont résolument optimistes. À la devise en vogue dans la jeunesse intellectuelle de l'époque – *ignoramus et ignarabimus*, autrement dit, « nous ne savons rien et ne saurons jamais rien ! » – les deux étudiants opposent leur conviction farouche que tout problème mathématique a sa solution. Et surtout que derrière le décor de la nature, il y a des causes cachées, des secrets qu'il est possible de mettre au jour. Et de déchiffrer.

Bientôt, ils passent des nuits entières à discuter tout en vidant méthodiquement d'énormes bouteilles de schnaps (une liqueur de fruit que les Allemands comparent souvent à un explosif tant elle est forte). Or l'une des premières choses dont ils parlent ensemble prend totalement à contre-pied tout ce qu'on pouvait enseigner et même penser à cette époque. Cette chose, c'est l'Univers. L'un et l'autre sont persuadés que contrairement à ce qu'on leur raconte, le cosmos – ce magnifique champ d'étoiles qui brille au-dessus de leurs têtes – est *fini*, aussi bien dans l'espace que dans le temps ! Compte tenu de ce qu'on savait à l'époque, l'intuition est étonnante. En effet, les astronomes de ces années-là étaient convaincus que l'Univers était fixe. Et surtout qu'il n'avait pas eu de commencement.

Ce n'est pas l'avis de nos deux amis. Il est vrai qu'ils se sont choisi l'un et l'autre le même maître à penser : Bernhard Riemann.

*

Un visionnaire. Sans doute l'un des plus grands mathématiciens de toute l'histoire. D'une timidité maladive, ayant du mal à parler en public, le jeune Bernhard se fait pourtant vite remarquer à Quickborn, petite ville du royaume de Hanovre où il est né en 1826 : sans crayon ni papier, malgré son teint pâle et sa nature fragile, il calcule plus vite que tout le monde ! Pourtant, il s'en est fallu de peu qu'il devienne pasteur, comme son père, un luthérien à l'habit noir élimé, ancien combattant des guerres napoléoniennes. Bizarrement, lorsqu'en 1846, cet étudiant sans le sou, plutôt renfermé, fait son entrée dans la fière université de Göttingen – la seule dans le royaume de Hanovre à enseigner la théologie – ce n'est pas pour y étudier les mathématiques mais pour y apprendre l'art de prêcher la bonne parole ! Peine perdue. Le costume clérical n'est pas fait pour lui. Tout bascule en 1847, le jour où il assiste à une conférence d'astronomie que donne le légendaire Carl Friedrich Gauss. À l'âge de sept ans déjà, ce tout jeune prodige avait défrayé la chronique dans son école pour avoir calculé de tête, grâce à une méthode de son invention, la somme des cent premiers nombres entiers ! Depuis, au terme d'une œuvre immense, Gauss est reconnu dans le monde entier comme l'un des plus brillants mathématiciens qui soient et, entre autres, comme le créateur de la théorie moderne des nombres. Lorsque Riemann le rencontre, en quête de conseils sur son avenir, cet austère mathématicien, peu accessible mais fascinant, règne en maître absolu sur Göttingen (comme sur le reste du monde). Et dans le feu de la discussion, le vénérable maître lui lance avec un regard aigu, comme pour achever de le convaincre, l'une de ses formules favorites : « Dieu fait de l'arithmétique. »

Cette fois, la cause est entendue et le verdict sans appel : dans une lettre aujourd'hui célèbre, Riemann annonce à son père qu'il renonce à devenir pasteur et souhaite, plus que tout au monde, étudier les mathématiques ! Contrarié, l'homme d'Église lui accorde malgré tout sa bénédiction et le jeune étudiant court apporter la bonne nouvelle à Gauss, son nouveau mentor. Désormais libre d'afficher en plein jour sa passion, il se plonge aussitôt avec la joie d'un baigneur dans l'étude de dizaines de livres plus épais les uns que les autres, dévore avec un appétit d'ogre les traités de géométrie, apprend par cœur des livrets d'arithmétique, juste « pour se détendre ».

C'est aussi à ce moment-là qu'il rencontre l'ami de toujours, Richard Dedekind. Ce dernier a une vingtaine d'années et, comme Riemann, est étudiant à Göttingen sous le patronage de Gauss. Leur entente est immédiate et leurs discussions du soir, dans un coin du « salon rouge » réservé aux doctorants, se prolongent souvent bien au-delà de minuit. Ni eux ni personne ne sait encore que Dedekind (qui vivra un demi-siècle de plus que Riemann) deviendra l'un des grands maîtres de la théorie des nombres. En attendant, tout cela finit par payer et en trois mois à peine, Riemann a rattrapé deux ans de programme !

Mais sa marche au pas de course ne fait que commencer. En 1851, il soutient sa thèse de doctorat sous l'éminente direction de Gauss lui-même qui, rompant avec sa sévérité naturelle, note dans son rapport officiel : « Dans l'ensemble, c'est une étude substantielle et de valeur qui non seulement satisfait aux conditions demandées pour les thèses de doctorat mais les dépasse largement[1]. » Le doctorant y explore les puissants pouvoirs des nombres imaginaires. Ces nombres fantasmagoriques, *impossibles*, dont le carré (à la grande différence de tous les nombres réels) est toujours négatif. Un incomparable vertige pour l'esprit humain ! C'est pourquoi Riemann aborde ces nombres si mystérieux avec une sorte de respect philosophique, répétant souvent à haute voix ce que le grand Leibniz pense d'eux : « Une merveilleuse envolée divine[2] ! » Quant à sa thèse, c'est une source inépuisable de trésors. C'est là, entre autres, qu'apparaît pour la première fois la

1. R. Tazzioli, *Riemann,* Belin (2010).
2. Clifford A. Pickover, *Le Beau Livre des maths,* Dunod (2010).

fameuse sphère qui porte son nom. Et le choc est de taille ! Grâce à Riemann, il devient possible, en un seul coup d'œil, de *voir* vraiment comment la sphère – le plus beau des objets géométriques – permet de saisir la stupéfiante relation qui existe entre les nombres réels, les nombres imaginaires et l'infini. Encore une précieuse « grille de lecture » qui, comme nous le verrons plus loin, nous réserve une nouvelle découverte sur notre route pour déchiffrer le mystérieux livre de la nature.

Pour l'heure, en 1854 (il a tout juste vingt-huit ans), le voilà, passablement intimidé, devant une foule de savants barbus réunis dans la grande salle des Actes de l'université. Il vient d'achever une étonnante conférence qui a plongé l'assistance dans un silence glacé. A-t-on compris quelque chose à ce qu'il a raconté ? Pas vraiment. Sourcils froncés, lunettes vissées sur le nez, ceux qui ont fait l'effort d'écouter jusqu'au bout ont vu se déployer majestueusement au tableau noir des idées qui, malgré leur côté captivant, leur ont paru complètement folles. L'une d'elles est que notre espace, celui dans lequel nous vivons, pourrait être représenté par une *sphère* à trois dimensions. De quoi déjà l'applaudir car il s'agit du modèle d'Univers sphérique qu'Einstein adoptera soixante ans plus tard ! Mais voici le plus stupéfiant : à la fin de la conférence, Riemann lance à voix basse quelques mots. Bien sûr, le rayon de cette immense sphère représentant le cosmos est fixe. Toutefois, ajoute-t-il aussitôt sur le ton de la confidence, rien n'empêche que ce rayon puisse varier avec le temps !

Le mot est donc lâché et il est incroyablement prophétique : pour la première fois, avec presque un siècle d'avance, vient d'être esquissé le modèle d'un Univers – le nôtre – *en expansion*. Une vision hallucinante, qui ne pouvait être acceptée que par des mathématiciens. Lorsqu'elle parvient trente ans plus tard aux oreilles de nos deux bouillants étudiants, ils en parlent avec jubilation. Bien sûr, ce n'est encore pour eux qu'une pure hypothèse mathématique et il n'est pas question de la relier à la réalité. Du moins pas encore. Pourtant, très lentement, l'idée va faire son chemin. Et elle refera surface chez l'un comme chez l'autre des dizaines d'années plus tard. Sous quelle forme ? Celle d'une révolution qui, dans les deux cas, inscrira leurs noms en lettres de feu dans l'histoire. Et éclairera sous un jour totalement imprévisible ce que plus tard encore, Hilbert appellera « l'écriture de Dieu ».

Mais il y a autre chose. Quelque chose de tout aussi mystérieux, qui n'est autre qu'une étrange formule. Riemann l'a arrachée à l'invisible en 1859 et, aujourd'hui encore, plus de cent cinquante ans après sa découverte, elle reste une énigme totale. Elle est même devenue le plus célèbre – et le plus difficile – des vingt-trois fameux problèmes du siècle que Hilbert lancera en défi au monde le 8 août 1900, lors d'un inoubliable congrès à la Sorbonne. De quoi marquer à tout jamais l'avenir du sceau du mystère.

De quoi s'agit-il donc ?

Étrangement, la source lointaine de cette stupéfiante hypothèse est à rechercher dans une visite que le jeune Bernhard, de retour de Göttingen, a rendue à son père le révérend pasteur. Un soir de l'automne 1854, les deux hommes se retrouvent dans la pauvre chaumière du révérend, au coin de la cheminée. La tempête fait rage au-dehors, soufflant des volutes de pluie sur les fenêtres mal jointes. Les deux hommes s'aiment profondément et le père a appris à respecter le fils, dont il admire l'ascension vers les sommets mathématiques. Soudain, au bout d'un long silence occupé à écouter le vent, le pasteur se tourne vers Bernhard. Une question brille au fond de ses yeux. Les mathématiques pourraient-elles un jour montrer à l'homme que le monde, l'Univers entier, n'est pas soumis au hasard ? Sur le coup, Riemann ne répond rien et se contente de remuer la braise dans la cheminée. Mais la terrible question va tracer son chemin dans son esprit. Jamais il ne l'oubliera.

*

De retour à Göttingen, il commence à parler aux uns et aux autres. Interroge le jovial Johann Dirichlet (avec qui il s'entend bien et peut parler pendant des heures) aussi bien que son ami Dedekind. Il lui arrive aussi de passer des journées entières seul, calfeutré à double tour dans sa chambre, pour réfléchir en paix aux nombres et à leurs mystères. Et peu à peu, sans qu'il sache vraiment pourquoi, ses idées commencent à dériver vers la magie de ce qu'on appelle les nombres premiers. Vous en souvenez-vous ? Les nombres premiers sont tout simplement ceux qui – comme 3, 5 ou 7 – ne sont divisibles que par 1 (ce qui n'est pas très difficile) et par eux-mêmes (là encore, c'est simple). Le produit de ces véritables « atomes de l'arithmétique » permet donc d'engendrer tout l'océan des nombres. Par exemple 3 multiplié par 5 donne 15 qui, bien sûr, n'est pas un nombre premier. Rien de bien compliqué jusqu'ici. Du moins en apparence. En réalité, ces nombres primitifs sont des plus étranges. Impossible de prévoir où et quand ils vont surgir. Tout ce que l'on sait, c'est qu'ils deviennent de plus en plus rares à mesure que défilent les nombres entiers et ils ont presque totalement disparu lorsqu'on s'enfonce vers l'infini, à des milliards de chiffres d'ici. Ils ont l'air d'être complètement livrés au hasard. Pourtant, pensent les mathématiciens, cela ne peut pas être le cas. Mais alors, comment se fait-il que depuis des siècles, malgré des efforts titanesques, personne n'ait encore jamais pu découvrir une formule qui permette de les prévoir ? Abattu face à des centaines de pages de calculs menés en vain pendant des années, l'un des plus grands mathématiciens de tous les temps, Leonhard Euler (pourtant découvreur de la plus belle formule de toutes les mathématiques) a murmuré un jour : « Les mathématiciens ont essayé, jusqu'ici en vain, de découvrir un ordre quelconque dans la suite des nombres premiers et nous avons des raisons de penser qu'il s'agit d'un mystère dans lequel l'esprit humain ne pourra jamais pénétrer[1]. » Deux siècles plus tard, nous en sommes au même point. Mais c'est là, justement, qu'intervient Riemann. Plongé dans les indivisibles jusqu'à l'obsession, il a fini par se persuader – et il le répète à qui veut l'entendre – que leur secret n'appartient qu'à Dieu !

Pourtant, la formule brutalement surgie de nulle part, qu'il a griffonnée à la hâte sur une feuille, est peut-être une clef. Cette fonction étrange, qui porte le nom du mathématicien allemand (la fonction Zêta de Riemann), pourrait permettre de savoir où, dans le flot infini des nombres, se cachent donc ces êtres numériques totalement à part que sont les nombres premiers. Si elle est démontrée un jour – plus de dix mille mathématiciens dans le monde déploient pour cela des efforts acharnés – elle pourrait alors briser le secret. Le mathématicien anglais Marcus du Sautoy, professeur à l'université d'Oxford, a étudié en profondeur les nombres premiers. Et il affirme haut et fort : « L'hypothèse de Riemann est la longitude des mathématiques. En la résolvant, on ouvre la perspective d'établir la carte des eaux brumeuses du vaste océan des nombres. Cela ne constituerait qu'une étape dans notre compréhension de ce secret de la nature. Si seulement nous pouvions trouver le

1. http://www.searchquotes.com/search/Prime_Numbers/

secret nous permettant de naviguer sur les nombres premiers, qui sait alors ce que nous trouverions au-delà, n'attendant que nous[1] ? »

En effet : qu'est-ce qui nous attend au-delà ? Quelque chose dont on ose à peine rêver. Quelque chose qui touche aux fondements les plus profonds de notre Univers. Une fois de plus, préparez-vous à faire face, plus loin, à des révélations qui dépasseront sans doute tout ce à quoi vous pourriez vous attendre.

*

Mais en ce début des années 1880, nous sommes encore bien loin de tout cela. Pour l'instant, Hilbert et Minkowski, encore à Königsberg, viennent à peine de découvrir l'œuvre magistrale de Riemann, sans l'avoir encore étudiée en détail. Ils se contentent de lancer des plaisanteries parfois douteuses en direction des serveuses du réfectoire et, le soir, ils font du chahut dans le dortoir. Sommerfeld, lui, est resté en arrière, sur les bancs du lycée. Mais son tour viendra et à partir de 1886, il entre lui aussi à l'Albertina et les trois mousquetaires ne se quitteront plus. Or, un événement va les rapprocher par-dessus tout : les trois auront le même directeur de thèse – autant dire le même mentor –, Ferdinand von Lindemann. Ce jeune professeur à l'allure aristocratique n'est pas n'importe qui ! D'abord, il a étudié dans ce temple des mathématiques qu'était déjà, en 1870, l'université de Göttingen. Mais surtout, il a soutenu sa thèse à Erlangen (autre haut lieu de la pensée) sous la direction de Felix Klein, l'un des plus grands mathématiciens allemands, toutes époques confondues. Un esprit

1. M. du Sautoy, *La Symphonie des nombres premiers*, Héloïse d'Ormesson, coll. Points Science (2005).

généreux, surnommé « Divin Felix » par Hermann Weyl, futur élève de Hilbert.

*

Lui-même calculateur prodige, Klein a franchi le porche de l'université à tout juste seize ans. Le père était secrétaire du gouvernement de Prusse, ce qui explique peut-être le caractère parfois un peu raide du fils. Dès 1872 (année où il soutient sa thèse) ses maîtres pressentent qu'il va devenir l'un des meilleurs mathématiciens de son temps. Il obtient – à seulement vingt-trois ans – une chaire de professeur à Erlangen. C'est là qu'il publie, en 1872, son célèbre « Programme d'Erlangen ». Un programme révolutionnaire, où pour la première fois, est introduite l'idée de « symétrie » en géométrie. Des symétries pas toujours visibles, mais toujours présentes sous forme de lois à décoder et soumises à l'action de ces mystérieux objets conceptuels que sont les « groupes de symétrie ». C'est le point de départ dans le déchiffrage de ce que Klein appelle « l'écriture invisible de la nature ».

Peu de temps après cette publication qui fait un certain bruit, il tombe follement amoureux de la petite-fille du grand philosophe Hegel. Elle s'appelle Anna Hegel, a un charme irrésistible et il l'épouse en 1875. À partir de là commence une irrésistible ascension. Nommé l'année de son mariage professeur à l'université de Munich, il y enseigne les mathématiques au fondateur de la mécanique quantique, le légendaire Max Planck. C'est sans doute à lui que Planck doit son engagement si élevé dans la physique, engagement qu'il décrit lui-même comme la recherche d'une cause invisible : « L'Univers est quelque chose d'indépendant de l'homme, quelque chose d'absolu et la recherche des lois qui s'appliquent à cet absolu me paraissent être la quête scientifique la plus sublime dans la vie[1]. »

Après Munich, Klein s'empare de la prestigieuse université de Leipzig et dans la foulée, il va développer comme personne avant lui ces géométries mystérieuses, échappant à toute représentation, qu'on appelle « géométries non euclidiennes ». Pour donner une idée de ce monde étrange, il a inventé une sorte d'objet impossible, qui ressemble à une illusion d'optique à trois dimensions : la célèbre « bouteille de Klein » (que vous avez sûrement vue un jour ou l'autre). Une étonnante surface fermée dotée d'un seul côté, qui ne possède ni intérieur ni extérieur, ni endroit ni envers. De quoi forger la légende du maître. Bientôt, Felix Klein, qui a tout juste trente et un an en 1880, avec sa haute taille et son visage de prince, devient une sorte de demi-dieu pour nos trois mousquetaires. Enfin, c'est le couronnement. Avec son arrivée à Göttingen en 1886 va commencer une immense aventure.

*

Göttingen ! Enfin ! Le lieu, déjà mythique, est à la hauteur de ses rêves. Toute la modernité du monde y trouve sa source. Avec Goethe qui, à partir de 1765, y donne des conférences inoubliables. C'est là que commence l'émancipation de la femme vers 1780. Là que pour la première fois dans l'histoire, une femme soutient en 1787 une thèse de doctorat. Là qu'est née l'histoire de l'art comme discipline universitaire. Les frères Grimm y ont enseigné la linguistique et écrit leurs plus beaux contes. Enfin, vient pour Klein l'essentiel : à Göttingen se trouve

1. http://www-groups.dcs.st-and.ac.uk/history/Biographies/Planck.html

déjà l'élite de la pensée mathématique, avec Carl Friedrich Gauss, l'un des plus importants mathématiciens de tous les temps, avec Johann Dirichlet, l'un des maîtres mondiaux de la théorie des nombres, avec le génial Bernhard Riemann, lointain précurseur de la relativité d'Einstein.

Or, avec lui commence à Göttingen cette grande aventure qui va étrangement nous rapprocher de cette pensée invisible qu'Einstein cherchait à tâtons au fond de ses calculs. Mathématicien hors pair, Klein s'est aussi lancé dans l'étude des philosophes qui l'ont précédé. Et un jour, c'est l'illumination. Il tombe sur l'œuvre de quelqu'un qui est à la fois philosophe et mathématicien, et pas n'importe lequel. Son nom ? Gottfried Leibniz. Un penseur universel, passant avec une aisance déconcertante des mathématiques au droit des nations, de la philosophie à la politique, conseiller de Pierre le Grand en Russie, de Charles VI en Autriche et pendant quarante ans bibliothécaire du duc de Brunswick à la cour de Hanovre, il est reconnu comme l'intellectuel le plus important d'Europe.

Vous le connaissez bien sûr pour l'avoir étudié à l'école. C'est lui qui a introduit en physique les termes *énergie* et *action* et découvert le calcul intégral et différentiel (en même temps que Newton, d'où une querelle mémorable entre eux). C'est lui qui a inventé le symbole de l'intégrale (le fameux signe allongé dont vous vous êtes servi en essayant tant bien que mal de calculer des intégrales). Lui aussi qui a trouvé ce qui, pendant longtemps, a été considéré comme la meilleure formule pour calculer le nombre π, une formule lumineuse de simplicité mais redoutablement efficace. Enfin, il a fait une découverte visionnaire. Dans un compte rendu de l'Académie des sciences daté de 1703, on peut trouver un article de lui dont le titre est prophétique : « Explication de l'arithmétique binaire, qui se sert des seuls caractères 0 et 1 ». Le saut est immense et ouvre pour la première fois une voie vers l'avenir lointain. Car ce calcul découvert par Leibniz est adapté à la machine, et c'est grâce à lui qu'aujourd'hui nous pouvons téléphoner avec des portables et travailler presque sans limite avec des ordinateurs.

Mais il y a plus encore. Dans son *Discours de métaphysique*, Leibniz voit au cœur de la nature, quelque chose qu'il appelle *l'harmonie préétablie*. Et justement, ce qui intéresse Leibniz, c'est la pensée de Dieu. Où trouver cette pensée ? Dans l'Univers, qui en porte la trace à travers l'harmonie préétablie. Comment comprendre cette pensée ? En utilisant le langage mathématique.

Il n'en fallait pas davantage pour que Klein soit séduit pour toujours. Et qu'à son tour, il se mette à chercher, au cœur de la nature, l'ordre invisible qui, sous la forme de lois mathématiques, règne au-delà de la matière.

*

Mais nous ne sommes qu'au début des années 1880. Hilbert et Minkowski sont encore à Königsberg et ne rencontreront Klein qu'un peu plus tard. Pour l'instant, ils se contentent de poursuivre tous les deux leurs doctorats sous la direction de Lindemann. Devenus inséparables, chaque jour à cinq heures précises, les deux étudiants se lancent dans une grande promenade qui les mène aux frontières du parc de l'université. Et parfois au-delà. Tout en marchant, ils se posent mille questions. Il leur arrive souvent de rester bouche bée sans pouvoir répondre. « Il nous faudrait un renfort », lance un jour Hilbert en riant. Il sera entendu et la pièce manquante arrive en 1884 à Königsberg, pour y prendre l'un de ses premiers postes de professeur, à la demande de Lindemann. Son nom ? Adolf Hurwitz. Les liens du destin se resserrent une fois de plus car ce jeune homme charmant et délicat, qui joue merveilleusement du piano a – lui aussi – été l'élève de Klein en doctorat à l'université de Leipzig. Mais déjà sur les bancs du collège, ses dons ont éclaté. Son professeur de mathématiques, Hermann Schubert (lui-même savant de renom) a été immédiatement époustouflé par ses prodigieuses capacités de calcul. Il a quinze ans à peine lorsqu'il publie son premier article avec Schubert. Au moment où il arrive à Königsberg, il est devenu un as en théorie des nombres et dans les branches les plus modernes de la géométrie. Bientôt il se joint aux deux étudiants pour leurs légendaires promenades de fin d'après-midi. Il exercera sur eux une influence irréversible.

Minkowski. Hilbert. Sommerfeld. Klein. Hurwitz. Cinq mathématiciens parmi les plus grands au monde. En s'approchant comme personne avant eux du mystère suprême – celui de l'Univers et de la cause qui lui a donné naissance – ils vont entrer dans la légende. Tout est en place pour le premier acte. Sans que personne s'y attende, il aura pour héros quelqu'un qui, jusqu'alors, n'avait pas vraiment fait parler de lui : Ferdinand von Lindemann.

6

Le mystère de π

Nous voici au printemps 1882. Cette année-là va survenir un événement totalement inattendu.

Un an plus tôt, Lindemann a décidé de lancer une offensive spectaculaire. D'accomplir une découverte fracassante. Pour faire bonne impression à Klein son mentor, bien sûr. Mais aussi pour clouer le bec à certains vieux grincheux, entre autres à Berlin l'irascible Leopold Kronecker, dont le conservatisme forcené irrite la nouvelle génération, Hilbert en tête.

Mais comment faire ?

Lindemann n'y va pas par quatre chemins. Il choisit de s'attaquer au nombre le plus mystérieux qui soit, sans doute le plus célèbre de toute la science : le nombre π. Vous le connaissez tous depuis les bancs de l'école : c'est la fameuse « constante d'Archimède », d'après le nom du célèbre savant grec qui a vécu au IIIe siècle avant Jésus Christ. Considéré comme le plus grand mathématicien de l'Antiquité, c'est lui qui, le premier, a calculé une valeur précise de π, le fameux 3,14 de notre enfance.

*

Or, vingt-trois siècles plus tard, avec cette constante que Victor Hugo n'hésite pas à qualifier de

« surnaturelle », le mystère reste entier. Car lorsqu'on y pense, il y a une dimension complètement folle dans ce nombre. Réfléchissez un instant : π contient des milliards de milliards de milliards de milliards, etc. de chiffres derrière la virgule. Bien plus de chiffres – en fait une infinité – qu'il n'y a de particules élémentaires dans toutes les étoiles de toutes les galaxies de tout l'Univers. En somme, on pourrait se servir de π pour compter chaque particule existant dans le cosmos, jusqu'à des milliards d'années-lumière d'ici. Or, ce qui est proprement vertigineux, c'est qu'une fois comptée la dernière particule existante, les chiffres continueraient de se dérouler pour l'éternité, au-delà même de la matière. Parfaitement à leur place. Exacts. Implacables. Obéissant à une sorte de programme invisible et immuable, qui exclut tout hasard. Pire encore : si vous pensez au chiffre qui existe un milliard de milliards de milliards de milliards de milliards de milliards de milliards de milliards de milliards de milliards de chiffres derrière la virgule (c'est-à-dire bien plus « loin » que la dernière particule élémentaire comptée dans l'Univers), non seulement ce chiffre existe mais encore, il est possible de le *calculer*, de savoir de quel chiffre il s'agit, grâce aux formules dont les mathématiciens disposent (en particulier la mystérieuse formule de Ramanujan, dont nous parlerons plus loin). Si l'on écrivait sur une feuille de papier la suite des chiffres de π, cette feuille ferait cent fois, mille fois, un milliard de fois, une infinité de fois le tour du cosmos sans que l'on puisse jamais arriver au « dernier » chiffre. Et si on traçait un cercle correspondant à π avec ces milliards de décimales, ce cercle serait des milliards de milliards de milliards de fois plus grand que tout l'Univers.

Face à cette incroyable énigme vient une nouvelle question sans réponse : comment concevoir que le cercle – cette forme si simple, si immédiatement visible d'un seul coup d'œil – soit déterminé par un nombre tellement « lointain », tellement incompréhensible ? Un nombre sans fin qui, depuis des millénaires, défie toute logique apparente. Car une fois de plus, le surgissement des milliards de décimales qui s'écoulent après la virgule n'est pas dû au hasard. Il obéit à une sorte de « code » que nous ne comprenons pas. C'est pourquoi, comme le pensent les mathématiciens, il existe un sens invisible, un *secret* jusqu'ici inaccessible, dans ce vertigineux ballet de chiffres. Mais lequel ?

*

Commençons par ce qui est à notre portée. Parmi les énigmes qu'il soulève depuis des millénaires, l'une des plus redoutables a été formulée vers le milieu du XIXe siècle : π est-il oui ou non *transcendant* ? Le mot, frappant entre mille, a été inventé par cet esprit fertile qu'est Leibniz. Et le problème est à la taille du mot. À tel point que le Français Charles Hermite, l'un des plus brillants mathématiciens du XIXe siècle, déclare forfait devant l'épreuve ! Lui qui pourtant, en 1873, avait réussi le plus dur en prouvant que le nombre *e* (la fameuse « constante d'Euler », que nous allons retrouver de manière étonnante dans un instant) est également « transcendant ». Mais rien à faire ! Voilà qu'un beau jour Hermite jette l'éponge : « Je ne vais pas me risquer à essayer de prouver que π est transcendant. Si d'autres se lancent dans l'entreprise, tant mieux, personne ne sera plus heureux que moi s'ils réussissent ! Mais croyez-moi, cela ne manquera pas de leur coûter d'énormes efforts[1]. »

1. « Lettres de Charles Hermite à Gösta Mittag-Leffler, 1892-1900 », in *Cahier de séminaire d'histoire des mathématiques*, t. 10 (1989).

Fasciné par cette constante très mystérieuse, Lindemann se jette donc à corps perdu dans les calculs. Passe des nuits blanches à aligner les chiffres. Jette des centaines de pages dans sa cheminée. Sombre dans des colères noires. Perd espoir. Et soudain, sans qu'il sache vraiment pourquoi, il a une idée. Une inspiration qui fera mouche : utiliser une ancienne formule, très spéciale, à laquelle personne n'a pensé avant lui. La fascinante « formule d'Euler » ! De quoi s'agit-il ? De ce qui, à la suite d'un vote réalisé en 2004, est aujourd'hui considérée comme « la plus belle équation de tous les temps[1] ». Face à elle, Richard Feynman a lancé ce cri inoubliable : « Notre joyau ! » Car la formule est miraculeuse : brève, désarmante de simplicité, elle relie pourtant cinq constantes fondamentales de la nature (parmi lesquelles π, 1 et 0) de façon surprenante (et très profonde). Émerveillé, le mathématicien Keith Devlin, de l'université Stanford, a clamé sans sourciller : « Tout comme un sonnet de Shakespeare qui capture l'essence même de l'amour, ou bien une peinture qui exprime la beauté du corps humain au-delà de la peau, l'équation d'Euler descend dans les profondeurs mêmes de l'existence[2]. » Que nous dit cette merveilleuse formule ? Que la constante d'Euler, élevée à la puissance $i.\pi$ (i désignant l'unité des nombres imaginaires) plus 1 égale... zéro !

Lorsqu'il découvre cette stupéfiante identité vers 1750, Leonhard Euler, sous le choc, murmure : « C'est le langage du Créateur. » Pourtant, il en faut beaucoup pour impressionner ce penseur magistral, considéré comme l'un des plus grands mathématiciens de l'histoire. D'ordinaire sceptique face à notre

---

1. Paul Nahin, *Dr. Euler's Fabulous Formula*, Princeton University Press, Mass. (2006).
2. Idem.

capacité à déchiffrer les indices laissés par « le Créateur » dans la nature, voilà que sa lumineuse formule lui redonne de l'espoir : « Bien que nous ne soyons pas autorisés à pénétrer dans les mystères intimes de la nature et à découvrir la véritable cause des phénomènes, il arrive parfois qu'une hypothèse particulière suffise à expliquer de nombreux phénomènes[1]. » Et c'est bien le cas pour cette formule surnaturelle.

Aveugle durant les dix-sept dernières années de sa vie, ses facultés restent plus fulgurantes que jamais. Le célèbre Arago dira de lui : « Il calculait sans le moindre effort apparent, juste comme on respire, ou encore comme un aigle vole dans le ciel. » De fait, il calcule tout de tête, retient tout, au mot près, sur des dizaines de pages. Sa mémoire est phénoménale. Entre autres, vers l'âge de vingt ans, il a appris par cœur *L'Énéide* de Virgile. Un demi-siècle plus tard, à soixante-dix ans passés, il est encore capable de déclamer ce livre entier *mot à mot*, sans une hésitation, sans une faute. Pour amuser ceux qui suivent son incroyable performance sur le livre de Virgile, il leur demande de se reporter à la première ou à la dernière phrase de telle ou telle page puis la récite pour eux de tête !

*

Finalement, grâce à la stupéfiante découverte qu'Euler a faite cent trente ans auparavant et après une bonne dose d'entretiens avec Hermite, Lindemann parvient à déchiffrer un nouveau fragment du mystère du monde : π est *transcendant*. Autrement dit, ce nombre n'est pas – ne peut pas être – solution d'une

1. Leonhard Euler, J.D. Blanton (trad.), *Introduction to Analysis of the Infinite*, Springer Verlag, NY (1988).

équation à coefficients entiers. Et c'est le triomphe. Du jour au lendemain, Lindemann devient célèbre dans le monde entier. Seul l'intraitable Kronecker ose lui adresser cette remarque revêche : « À quoi bon votre belle démonstration puisque π n'existe pas ! » Mais au diable les ronchonneurs ! D'un jour à l'autre – et il ne s'y attendait vraiment pas – tout a changé pour Lindemann. Désormais, il bénéficie d'une aura sans pareille auprès de ses étudiants (qu'il amuse avec ses binocles à cordon d'un autre âge). Tout ce qu'il dit à propos de π compte double. En particulier, l'une de ses formules-choc se répand comme une traînée de poudre : π est « une porte ouverte sur l'infini ». Pourquoi ? Tout simplement parce qu'il possède une infinité de chiffres derrière la virgule. Il est possible de trouver une décimale de π n'importe où autour de nous mais aussi, bien sûr, sur n'importe quel point de l'Univers tout entier. Mais on peut également voir un autre sens, moins immédiat, dans la pensée de Lindemann. En effet, même si cela reste encore à prouver, on pense généralement aujourd'hui que π est ce qu'on appelle un « nombre-univers ». Qu'est-ce que cela veut dire ? Quelque chose d'ahurissant : vous pouvez retrouver dans π tout ce que vous souhaitez ! Par exemple votre date de naissance, mais aussi la première photo de vous ou encore le livre que vous tenez à cet instant entre les mains (avec tous ses détails, comme le dessin de sa couverture, etc.) ! En fait, un nombre-univers contient tout, absolument *tout* ce qui a existé dans l'Univers. Mais aussi tout ce qui existera dans l'avenir. Il suffit de s'enfoncer assez loin – bien sûr inconcevablement loin – pour trouver, dans l'ordre, la succession chiffrée qui « code » ce que l'on cherche.

Et pourtant, comme le fait remarquer le mathématicien américain Gregory Chaitin, tout le paradoxe est là : « π a un nombre infini de chiffres mais d'un point de vue géométrique, il correspond simplement à un point sur une droite[1]. » En effet ! Un minuscule point situé entre 3,1 et 3,2 sur une droite. Rien d'autre.

En attendant, ce « point » pas comme les autres a déclenché de véritables mouvements passionnels un peu partout dans le monde, à tel point qu'une fête annuelle – le jour de π – rassemblant des foules de mathématiciens à travers le monde a été créée dans les années 1980. Cet événement est censé célébrer l'anniversaire de π qui, en raison de ses trois premiers chiffres (3, 1 et 4) « tombe » donc le 14 mars. Curieuse coïncidence, c'est également la date anniversaire de la naissance d'Einstein, né le 14 mars 1879.

*

Mais il y a plus. Quelque chose de vraiment renversant, qui frappe tout autant Lindemann que ses deux bouillants élèves Hilbert et Minkowski : π est entièrement *déterminé* jusqu'à l'infini ! L'interminable suite de ses décimales ne se déroule pas au hasard. La meilleure preuve ? Il existe des formules qui permettent de le calculer loin derrière la virgule. Dans la vie de tous les jours, on se contente de ses souvenirs d'école, π est alors égal à 3,14 et c'est bien assez. En 1706, un mathématicien, pour la première fois, parvient à calculer cent décimales. Bien plus qu'il n'en faut : avec dix décimales à peine on peut calculer la circonférence de la Terre à un centimètre près. Mieux encore : les trente-neuf premières décimales de π sont suffisantes pour déterminer le périmètre d'un cercle qui aurait la taille de l'Univers tout entier, ce au milliardième de milliardième de milli-

1. http://www.cs.auckland.ac.nz/~chaitin/bonn.html

mètre près ! Mais on ne s'est pas arrêté là. Dès 1949, grâce au premier ordinateur digne de ce nom, on passe à 2 037 décimales calculées. En 1973, on franchit le cap du million. Et aujourd'hui ? Le chiffre est ahurissant : dix mille milliards de décimales calculées ! Et c'est là que le bât blesse : on a beau examiner dans tous ses détails cette interminable suite de chiffres, on a l'impression qu'elle se déroule au hasard. Or, ce n'est pas le cas. Chacun est *à sa place*, rigoureusement déterminé, calculable, qu'il soit au quinzième ou au cent millième rang derrière la virgule. Autrement dit ce nombre ultradéterminé qu'est *π imite le hasard* ! Mais pourquoi 3,141592 et pas 3,141591 ? La cinquante millième décimale après la virgule est « 1 ». Pourquoi ? Que se passerait-il si l'on remplaçait ce 1 par le chiffre 2 ? En revanche, le cinq cent millième chiffre de π après la virgule est 2 (vous pouvez vérifier). Mais là encore, pourquoi ce 2 ? Pourquoi pas 1 ou 3 ou un autre chiffre ? Nous n'en avons pas la moindre idée. π « copie » le hasard, sans jamais lui obéir et la raison d'être de ces milliards de chiffres nous échappe. Très déconcerté par ce phénomène ahurissant, ayant lui-même poussé les calculs sur ses ordinateurs au-delà de tout, le logicien Gregory Chaitin lance alors qu'il est possible que dans l'Univers entier, « le hasard ne soit en réalité que du "pseudo-hasard", comme ce qu'on trouve dans les décimales de π ». Auquel cas π peut être vu comme une sorte de miroir de l'Univers.

Enfin, il y a ces « miracles » qui, venant de ce nombre si étrange, ne cessent de nous dérouter. Un exemple ? Si on prend « au hasard » deux nombres entiers, la probabilité pour que ces deux nombres soient premiers est de 6 divisé par π au carré. Pour quelle raison ? Qu'est-ce que π a à voir avec le fait de tirer au hasard des nombres premiers ? La chose, en profondeur, reste *incompréhensible*. On ne peut pas s'empêcher de sentir que ce genre de mystère, qui renvoie au grand mystère des nombres, est le reflet d'une énigme encore bien plus profonde.

*

Un soir de 1887, Lindemann est allé rendre visite à Klein. Celui-ci vient d'arriver à Göttingen et c'est le moment idéal pour lui poser la question qui lui trotte dans la tête. D'où vient le nombre π ?

Ce n'est que tout récemment que commence à émerger une nouvelle clef. Le premier secret de π. Et à coup sûr, ce que vous allez entrevoir dans les chapitres suivants de ce livre va vous entraîner bien plus loin que vous l'imaginez.

7

Dans les gouffres de l'infini

Ce soir-là, Lindemann fulmine de colère.

Bien sûr, avoir démontré en 1882 que π est transcendant lui a valu la gloire. Mais il a également récolté beaucoup de critiques de la part de ses collègues. Étroitesse de vue ? Jalousie ? Toujours est-il que notre découvreur supporte de plus en plus mal les attaques. Le pire pour lui est la flèche assassine lancée par Kronecker. En effet, lors d'une conférence en 1886, il a électrisé l'assistance en ironisant sur un ton acide que la belle démonstration de Lindemann ne servait à rien « puisque les nombres transcendants n'existent pas ! ». Depuis son puissant fief de Berlin, la voix de Kronecker porte loin. Et on se range le plus souvent sans rechigner derrière ce qu'il affirme.

En réalité, ce qui gêne Kronecker dans le nombre π, c'est qu'il soit infini. Que même si on continue de compter pour toujours, *éternellement*, ses décimales, il ne sera jamais possible d'en finir, d'arriver au bout ! Pour lui, l'infini n'est pas, *ne peut pas* être un concept mathématique ! Pourquoi ? À chaque fois qu'on lui pose cette question, Kronecker la balaie d'un revers de main et gronde, sourcils hérissés, que les mathématiques ne doivent s'occuper que de choses finies !

Pourtant, l'un des anciens élèves de Kronecker à Berlin – de loin le plus brillant – n'est pas de cet avis. Il s'appelle Georg Cantor. C'est lui qui a apporté au monde cette magnifique théorie que vous avez vous-même découverte sur les bancs du collège : la « théorie des ensembles ». Face à ce monument, Hilbert a lancé ce cri enthousiaste : « C'est le produit le plus pur du génie mathématique et l'un des suprêmes achèvements de l'activité humaine du point de vue intellectuel[1]. » Rien de surprenant à ce qu'il soit aujourd'hui reconnu comme l'un de ces héros qui, après avoir durement combattu, ont fait reculer les brumes obscures de l'ignorance.

Mais il n'y a pas que cela. En fait, dès le début des années 1870, Cantor s'est lancé dans une exploration hallucinante de cette réalité hautement insaisissable, impossible à contenir, qui fait peur aux mathématiciens de cette époque *: l'infini*. Cantor est l'un des rares à ne pas reculer. Bien au contraire, il s'est risqué loin dans l'infini. Et il y a découvert des vérités à ce point brûlantes que leur révélation a provoqué un séisme assourdissant dans tous les cercles de pensée, des mathématiques à la théologie, en passant par la philosophie. Mais les trésors qu'il a ramenés de sa longue quête et qu'il a donnés au monde sont révolutionnaires. À un point tel, comme il a osé l'affirmer sans détour – ce qui lui a valu de se faire traiter de « renégat » par Kronecker – qu'il est possible d'apercevoir, dans ce qu'il appelle l'infini absolu, « la pensée de Dieu. »

*

1. http://www.mathacademy.com/pr/quotes/index.asp?ACTION=AUT&VAL=hilbertdavid0000000000000000

Cantor est né en 1845 dans l'Empire russe, sous le règne implacable de l'ultra-conservateur Nicolas Ier. Son père, qui porte le même prénom que lui et à qui il ressemble beaucoup, est membre de la Bourse de Saint-Pétersbourg et sa mère Maria Anna Böhm est une artiste dont la famille autrichienne excelle dans la musique. Chez les Cantor, on parle de tout et on fréquente la bonne bourgeoisie de la ville. Son grand-père Franz est soliste virtuose à l'Orchestre impérial. Il a transmis sa passion à Georg qui, petit garçon, est déjà un prodigieux violoniste.

Mais tout a une fin. Les hivers sont glacés et pour échapper à cet enfer blanc qui tue le père à petit feu, la famille émigre en Allemagne. Georg a onze ans et tout à coup c'est le déclic. Dès ses premiers mois au collège, il manifeste un exceptionnel talent pour les mathématiques. Une disposition qui se renforce en 1862 à l'École polytechnique de Zurich. Puis en 1863, c'est l'entrée tant convoitée à l'université de Berlin, où il se fait remarquer en posant tout un tas de questions déconcertantes à ses illustres professeurs, en particulier au sévère Kronecker (qui, à cette époque, s'efforce encore d'être aimable avec lui...) En 1867, il soutient avec brio une thèse sur la théorie des nombres. Dans son élan, le voilà à vingt-deux ans gratifié de son premier poste d'enseignant à l'université de Halle. Le regard est droit, porte haut et tout en lui respire la sincérité. Son génie prend alors ses marques et s'engouffre vers 1870 dans un territoire presque inconnu, devant lequel les plus grands, en particulier Gauss, ont reculé : l'infini. Et en 1874, c'est le coup de tonnerre. Une onde de choc qui traverse le monde des mathématiques mais va bien au-delà. Dès la première publication, son tour de force, inspiré par ses premiers pas dans l'infini, consiste à fonder la théorie des ensembles. Jusqu'alors, on ne s'occupait que d'ensembles finis, c'est-à-dire comprenant un nombre fini d'éléments. Au contraire, Cantor ouvre tout grand les frontières et montre de manière rigoureuse qu'il existe des ensembles *infinis,* dont les tailles peuvent être *différentes*. En somme, on peut rencontrer sur sa route des infinis plus ou moins grands. Mais il y en a d'autres qui, contrairement à ce qu'on pourrait penser a priori, sont de la même taille. À partir de là, les repères s'évanouissent et on bascule dans un nouveau monde, très étrange. Un monde si déconcertant que la plupart des mathématiciens de l'époque dérapent, perdent pied et prennent peur.

*

Avant d'aller plus loin dans ce monde paradoxal qu'est l'infini, fixons quelques ordres de grandeur. Et commençons par des nombres qui, tout en étant très grands, ont une signification physique.

Par exemple, dans l'organisme de chaque être humain, on trouve des milliards de cellules. Aujourd'hui, on en connaît à peu près le nombre : cent mille milliards de cellules pour chacun de nous ! En utilisant les notations utilisant les puissances de 10 (par exemple 100 s'écrit 10 puissance 2) le nombre total de cellules dans un corps humain s'écrit tout simplement 10 puissance 14.

L'horizon de notre Univers se situe à 13,7 milliards d'années-lumière. On peut supposer qu'il existe en moyenne cent milliards d'étoiles par galaxie et environ cent milliards de galaxie dans l'Univers. Cela nous donne donc environ dix mille milliards de milliards d'étoiles dans l'Univers visible. Comme il existe dans ce nombre 22 zéros derrière le 1, nous pouvons également noter ce grand nombre 10 puissance 22. Pour donner une idée de ce que veut dire un tel nombre, si on suppose que chaque étoile peut être représentée par un grain de sable, alors le nombre total d'étoiles dans l'Univers équivaudrait à recouvrir la France, la Belgique et la Suisse d'une couche de sable haute de dix mètres !

Voici quelques autres grands nombres physiques qui nous montrent que dès qu'on utilise les puissances de 10 pour calculer, on perd vite l'échelle de ce que l'on calcule. Par exemple, il existe 10 puissance 24 atomes d'hydrogène dans une seule goutte d'eau. En revanche, en comptant tous les fleuves et tous les océans, on peut estimer qu'il y a environ 10 puissance 47 molécules d'eau sur Terre. Mais un simple calcul (aujourd'hui bien connu) indique qu'il existe « seulement » 10 puissance 80 atomes dans l'Univers tout entier. À présent, si nous essayons d'évaluer (de manière évidemment conjecturale) le nombre de particules élémentaires dans toute la matière de l'Univers (hormis cette forme inconnue qu'on appelle la « matière noire ») on arriverait à un total d'environ 10 puissance 95 particules élémentaires. On peut encore pousser plus loin vers un autre nombre encore plus grand qui pourrait avoir un certain sens physique : le nombre de « particules de Planck » dans l'Univers observable. De quoi s'agit-il ? Du plus petit volume physique susceptible d'exister dans notre réalité. On peut le représenter par une sphère dont le rayon est égal à la longueur de Planck (c'est-à-dire la plus petite longueur physique concevable, 10 puissance – 33 cm). Selon les calculs admis, il serait possible de compter environ 10 puissance 240 « grains » de Planck d'un bout à l'autre de l'Univers observable. Ceci serait la limite physique des grands nombres.

Qu'y a-t-il au-delà ?

C'est là que nous abordons le domaine purement mathématique. Il existe des nombres fantastiquement grands, bien plus grands que tous les nombres « physiques » vus jusqu'ici. Par exemple, il pourrait exister jusqu'à 10 puissance 500 parties de go différentes (un nombre vertigineusement grand mais pas infini). Autre grand nombre estimé par sir Roger Penrose : les chances d'apparition de la vie sur Terre il y a quatre milliards d'années seraient d'environ 1 sur 10 puissance 1 000. D'autres nombres sont encore vertigineusement plus grands (ou plus curieux). Par exemple, le plus grand nombre premier découvert en 1999. Il s'écrit 10 puissance 2 098 960. Autrement dit, il a plus de deux millions de chiffres ! Pour l'écrire en entier, il nous faudrait deux livres de mille pages ! En 2011, on a découvert un nombre premier proprement gigantesque, qui s'écrit 10 puissance 12 978 189 ! Autrement dit il comporte près de treize millions de chiffres. Cette fois, il faut treize livres de mille pages chacun pour l'écrire entier. Au passage, ce qui est phénoménal, c'est qu'il soit possible de calculer des nombres premiers de cette taille. Et, encore plus stupéfiant, qu'il puisse exister d'autres nombres premiers encore mille fois, un million de fois, un milliard de milliards de milliards de fois plus grands !

Au-delà encore commence le terrain de chasse de Cantor.

*

Que nous dévoile-t-il ? D'abord cette chose qui paraît impossible : les nombres entiers (1, 2, 3, 4, 5, etc.) ne sont pas plus nombreux que les nombres pairs (2, 4, 6, etc.) ! Pourtant, quand on regarde ces deux séries de nombres, on a « l'impression » que les nombres entiers sont deux fois plus nombreux que les nombres pairs ! Or, ce n'est qu'une impression ! L'étape suivante a consisté pour notre explorateur à montrer que ce qu'on appelle les nombres réels – qui comprennent les entiers, mais aussi les nombres rationnels et irrationnels – sont « plus nombreux » (en fait, bien plus nombreux) que les nombres entiers naturels. Mais il y a pire… En effet, à coups d'articles solidement charpentés par des théorèmes, Cantor découvre à son immense surprise qu'il existe autant de points sur un petit segment de droite de 1 centimètre que sur une droite de 100 kilomètres ! Ou encore autant de points dans une boule de billard que dans tout le globe terrestre. Comment ne pas être incrédule ? Comment ne pas être tenté de rejeter tout en bloc ? Encore sous le choc, il écrit à son ami Dedekind (qui fut en 1852 le dernier élève de Gauss en doctorat) : « Je le vois mais je ne le crois pas ! » Pour que vous ayez une petite idée du choc ahurissant qu'ont subi les savants de l'époque, prenez simplement une bille dans votre main. Regardez-la bien. Et dites-vous qu'il y a autant de points dans cette petite bille qu'il en existe dans tout l'Univers, jusqu'aux plus lointaines galaxies en formation, à plus de dix milliards d'années-lumière de chez nous.

Décidément, la chose paraît folle !

Et pourtant, elle est vraie ! Elle résulte en droite ligne du grand théorème qui porte aujourd'hui le nom du mathématicien visionnaire. Mais faire entrer « de force » (comme se scandalise Kronecker) une telle folie dans le monde des mathématiques équivaut à une déclaration de guerre. Sans merci, celle-ci commence en 1877. Et c'est Kronecker qui en sera le général en chef. Car désormais, le fossé est irréductible entre le maître (qui, depuis son imprenable bastion de Berlin, jouit d'une très forte influence sur ses collègues) et l'ancien élève, décidément bien mal embouché ! D'un mois à l'autre, le fossé se creuse et devient un gouffre. Les premiers coups se mettent à pleuvoir, bientôt suivis par les insultes ! Cantor ?

« Un corrupteur de la jeunesse ! » clame de toutes ses forces l'irascible Berlinois. Le ton monte encore lorsqu'il lui lance en pleine face – et devant tout le monde – qu'il n'est qu'un « renégat » ! Pire encore : « Un charlatan ! » Poincaré lui-même n'est pas en reste, lorsqu'il écrit sans sourciller : « Les idées de Cantor sont une grave maladie qui infectent les mathématiques[1]. » Autant d'invectives qui blessent profondément le grand mathématicien. En 1884, affaibli par les coups aveugles de ses ennemis, démuni face à la croisade insensée menée par Kronecker, son équilibre chancelle. Pour la première fois, il sombre dans une terrible dépression dont il a du mal à sortir.

*

Marquons une pause. Pourquoi cette violence et cet acharnement ? Qu'y a-t-il donc de si subversif, de si *insupportable* dans les idées et les résultats de Cantor ? Sautons à la dernière étape de la découverte de Cantor. Ce qu'il retire de sa longue exploration, c'est qu'il existe trois genres d'infini. Le premier, c'est « l'infini potentiel » (on retrouve ici Hilbert, qui a entériné l'usage de ce mot). Celui-ci désigne une progression infinie, qui ne s'arrête jamais ; les éléments se succèdent sans que l'on puisse interrompre cette succession sur un « dernier élément ». Un bon exemple de cet infini potentiel est la suite des nombres entiers : il est toujours possible d'ajouter un nouveau nombre au précédent, sans qu'on atteigne jamais « un dernier nombre ».

Le deuxième infini, c'est « l'infini actuel ». Dans ce cas, tous les éléments de l'ensemble sont compris comme existant simultanément, formant une totalité

1. http://en.wikipedia.org/wiki/Georg_Cantor

achevée. Pour bien le distinguer de l'infini « dynamique » du cas précédent, Cantor crée un mot ingénieux : celui de « transfini ».

Reste le troisième genre d'infini, le plus brûlant. Comment l'appeler ? Cantor trouve aussitôt la réponse : ce sera « l'infini absolu ». Profondément mystérieux, celui-ci transcende l'Univers des transfinis et se situe au-delà de tout ! Plus précisément, dans l'esprit de Cantor, il s'agit de l'ensemble infini de tous les ensembles. Cette fois, le mathématicien, conscient des enjeux métaphysiques, franchit la toute dernière frontière et reprend à son compte la très ancienne équivalence revendiquée par la théologie entre Dieu et l'infini. Ce qui l'amène à affirmer avec force, face à ses adversaires, que l'infini absolu est « la pensée de Dieu » !

Nous y voici : l'infini absolu – ensemble de tous les ensembles – comme signe de la pensée de Dieu !

Trop, c'est trop ! La colère de Kronecker éclate. Ni lui ni la plupart des mathématiciens de ces années 1880 ne sont prêts à penser l'infini comme une totalité ! À leurs yeux, cette vision globale est une absurdité. Pire : une hérésie ! Et puis, il y a encore plus grave. Pour Kronecker, les mathématiques sont des choses que l'homme, dans son effort pour comprendre, finit par inventer. À l'opposé de cette vision, il y a celle de Cantor (mais aussi de Hilbert et bien d'autres) selon laquelle les êtres mathématiques ont une existence indépendante de l'esprit humain. Cantor le répète donc à l'envi : le mathématicien n'invente rien ! Il se contente de *découvrir*, tel un archéologue exhumant des trésors enfouis.

Bouillant de rage, Kronecker jette alors toutes ses forces dans la bataille. Il faut à tout prix barrer la route de cet imposteur de Cantor. Depuis des années, celui-ci rêve de devenir professeur à l'université de Berlin. Le malheureux multiplie les demandes de mutation, envoie des lettres aux dirigeants, cherche l'appui de ses collègues. En vain. Cantor ne réalisera jamais son rêve. Avec la même opiniâtreté, Kronecker fera tout pour empêcher son ancien étudiant de parler dans les enceintes académiques (en faisant annuler ses conférences à Berlin ou ailleurs) et même de publier (contactées, les meilleures revues lui ferment ses portes).

Miné par ces attaques incessantes, sans soutien réel (Hilbert et les nouveaux princes de Göttingen sont encore trop jeunes), Cantor perd courage. Peu à peu il commence à se détourner des mathématiques et de ses illusions de jeunesse. Jamais il ne retrouvera la forme intellectuelle visionnaire qui était la sienne au début des années 1870.

Heureusement, tout n'est pas perdu. Car au fil des décennies, les formidables idées du maître de l'infini ont fait du chemin. En 1904, la Royal Society récompense son travail de la médaille Sylvester, la plus haute distinction à l'époque pour un mathématicien. Quelques années plus tard, Hilbert lance son inoubliable formule : « Personne ne nous chassera du paradis que Cantor a créé pour nous. »

Nous allons maintenant faire un pas de plus vers ce paradis. Pour y rencontrer une nouvelle constante sans dimension. Un nouveau nombre très étrange. Découvert il y a plus longtemps que π, il est par certains côtés encore plus étrange. Avec lui, nous allons nous rapprocher encore un peu plus du grand mystère de l'Univers.

8

Le nombre d'or

Si d'aventure, par un beau jour d'été, vous allez flâner dans un pré d'herbes folles, vous y découvrirez toutes sortes de fleurs aux couleurs lumineuses : des roses sauvages, des coquelicots rouges, des boutons-d'or ou encore des marguerites blanches. Mais admirez de plus près leurs pétales. Et amusez-vous à les compter. Certaines – comme le lys ou l'iris – en ont 3. D'autres, éparpillées à côté dans la mousse, en ont 5, comme le bouton-d'or, ou encore 8 ou 13, comme le souci. Et plus loin ? Voici une marguerite avec 34 magnifiques pétales tandis qu'une autre, à l'ombre fraîche d'un buisson, en compte 55.

À présent, préparez-vous à une découverte surprenante.

Il n'existe pas dans ce pré une fleur avec 6 pétales, ou bien 9 ou 12 ! Pas davantage avec 22 ou 35 pétales. Vous aurez beau chercher, vous n'en trouverez jamais *aucune* avec ces nombres-là. Pas plus que vous ne trouverez (autrement que par accident très rare) un trèfle à quatre feuilles.

Mais pourquoi ?

Sans le savoir, vous venez d'entrer dans l'un des plus profonds mystères de l'Univers.

*

Voici plus de deux mille ans que cette énigme fait réfléchir les mathématiciens. Tout ce que l'on sait – mais cette découverte est immense – c'est que le nombre de pétales sur une fleur n'est pas distribué au hasard ! La chose paraît folle ! Pourtant, il existe une loi purement mathématique qui oblige, de manière invisible et implacable, chaque fleur du monde à avoir certains nombres bien précis de pétales et *jamais* d'autres. Quelle loi ? En fait, les pétales de vos fleurs (et bien d'autres choses dans la nature) obéissent à une étrange suite de nombres, découverte il y a environ huit siècles : la « suite de Fibonacci ». Ce nom insolite évoque plus que tout autre un monde d'ombres et de manuscrits secrets protégés par des écritures indéchiffrables. D'où vient-il ? De Leonardo Fibonacci.

Ce savant de génie, considéré par beaucoup comme le plus talentueux mathématicien du Moyen Âge, né à Pise vers 1175, a grandi au nord de l'Afrique, dans la ville maritime de Béjaïa. Le père, puissant maillon de la bourgeoisie italienne, y exerce fièrement sa charge de représentant des marchands de la République de Pise. Pendant ce temps, le fils (qui ne va pas à l'école) tente d'échapper à la chaleur écrasante en se réfugiant à l'ombre des palmiers. Curieux de tout, il passe souvent de longues journées à lire des traités de calcul écrits en arabe. Et très vite, dans ce centre marchand et intellectuel animé à longueur d'année, où les brebis des montagnes s'échangent à grands cris contre des épices, Leonardo révèle un talent stupéfiant pour le calcul. Son père bute-t-il sur une difficile opération comptable ? Aucun problème ! Le jeune Leonardo est toujours là pour trouver le bon résultat, et en un tour de main ! Sans qu'il fasse d'efforts, sa réputation s'accroît de jour en jour et bientôt, les marchands de chameaux et d'étoffes qui jusqu'alors s'épuisaient sur le port à résoudre des casse-tête hors de leur portée, s'arrachent les services du jeune homme à prix d'or. Aucun calcul ne lui résiste plus d'un quart d'heure. Résultat : son père ne le lâche plus d'une semelle. Il l'emmène avec lui dans les déserts d'Égypte, puis sur les plateaux torrides de Syrie avant de regagner sur d'antiques galères la Sicile et les collines tempérées de Provence. Enfin, au printemps 1198, nos grands voyageurs arrivent fourbus à Pise.

Mais au diable la fatigue ! Aussitôt arrivé, Fibonacci se met au travail. Il a beaucoup appris en Afrique, y a rencontré nombre de sages, aussi bien d'authentiques maîtres du calcul, que des philosophes de village ou des alchimistes. Consentant à être provisoirement sous leur coupe, il découvre avec eux le zéro, appelé *sifr* par les Arabes, ce qui veut dire « vide ». Il s'est également plongé dans les pages mystérieuses, presque illisibles, de la Cabale. Subjugué, il y apprend à utiliser le mot « chiffre » (qui dans la tradition cabalistique signifie « code secret ») pour calculer. Tout cela, il va le verser dans un ouvrage extraordinaire, adressé aussi bien aux savants qu'aux simples marchants, publié en 1202 sous un titre percutant évoquant un guide pratique : *Livre de calcul*. Et d'un coup, c'est la révolution ! Le monde s'en trouve bouleversé en une génération et huit cents ans plus tard, vous ressentez vous-mêmes, à chaque instant, les effets colossaux de ce qu'a apporté Fibonacci. Car c'est lui qui a introduit en Europe nos bons vieux chiffres, le 0, le 1, le 2, le 3, etc. et, dans la foulée, le fameux système décimal que vous utilisez à longueur de journée sans même vous en rendre compte. Avec une joie gourmande, il lance dans son livre cette annonce d'une stupéfiante modernité : « Voici les neuf chiffres des Indiens : 1 2 3 4 5 6 7 8 9. À l'aide de ces neuf chiffres et du symbole 0, appelé Zéphirum, il est possible de représenter n'importe quel nombre, comme nous le démontrerons. » La bataille allait être rude car jusqu'alors, partout en Occident, on calculait péniblement à l'aide de chiffres romains. Des calculs lourds, souvent très longs, et qui devenaient impraticables dès qu'on dépassait la centaine. Le sémillant Fibonacci allait donc se dépenser sans compter pour rayer de la carte à tout jamais les chiffres romains.

*

Mais il y a plus. Quelque chose de bien plus stupéfiant encore, qui fait que Fibonacci est connu depuis des siècles dans le monde entier. Et qui touche au fascinant mystère de nos pétales. De quoi s'agit-il ? D'une étrange suite de nombres dont le nom évoque irrésistiblement une clef secrète : la suite de Fibonacci.

Cette suite vient du fond des âges. Bien avant Fibonacci, on la voit apparaître dans des textes sanscrits dont l'origine se perd dans la nuit des temps. Mille ans plus tard, on la retrouve sous le stylet des mathématiciens indiens. Le principe en est tout simple. En partant du chiffre 1, si vous lui ajoutez le chiffre qui précède (c'est-à-dire 0) vous obtiendrez 1. Les trois premiers chiffres de la suite sont donc 0, 1 et 1. En appliquant la même recette, 1 plus 1 donne 2 et 2 plus 1 donne 3 tandis que 3 plus 2 donne 5 et ainsi de suite. La fameuse suite de Fibonacci est donc tout simplement 0, 1, 1, 2, 3, 5, 8, 13, 21, 34, etc. Et vous l'avez bien sûr deviné : ce sont les chiffres très particuliers de cette suite qui indiquent le nombre de pétales de nos fleurs ! De quoi être assuré d'au moins une chose : le nombre de pétales n'est pas dû au hasard. Il est étroitement dicté par cette étrange suite qui, au passage, a un lien profond avec la constante la plus mystérieuse de tous les temps. Quel est ce nombre si étrange ? Pour le savoir, calculez (c'est un jeu d'enfant) le rapport entre deux nombres successifs de cette suite ; par exemple 13 divisé par 8 ou bien 34 divisé par 21. Vous allez obtenir ainsi un nombre sans fin, qui tend vers ce nombre très célèbre, que les mathématiciens appellent le « nombre d'or ». Il s'écrit 1,618... et comme π, il s'en va vers l'infini. D'une incroyable étrangeté, ses propriétés mathématiques sont uniques. Par exemple, lorsqu'on lui ajoute 1, il se multiplie par lui-même. Au contraire, si on lui enlève 1, alors il s'inverse. Du jamais-vu au pays des nombres ! Peut-être le savez-vous déjà, mais ce fameux nombre d'or gouverne tout un tas de choses dans la nature, y compris les plus inattendues : les spirales des coquillages, celles des tournesols, l'ordre des feuilles sur une branche, etc.

Mais pourquoi en est-il ainsi ? Pourquoi la nature obéit-elle à cette suite de nombres ?

*

Pour trouver un début de réponse, nous allons revenir dans la tranquille ville de Königsberg en 1891. Cette année-là, le printemps est particulièrement doux et il fait bon se promener en fin de journée dans le grand parc de l'université. Chaque jour vers cinq heures, lorsque le soleil descend derrière les grands arbres marquant l'entrée du bois, Hilbert (maintenant jeune professeur), Sommerfeld (qui s'apprête à soutenir sa thèse en été) et Hurwitz (en poste depuis 1884) s'y retrouvent avec bonheur. À eux trois, ils font tomber d'un bloc bien des énigmes. En traversant les mêmes allées pour couper vers les sous-bois, on pense bien sûr aux deux grands absents. À Minkowski, qui est à l'université de Bonn depuis quatre ans. Ses conseils précieux, son réalisme et sa bonne humeur un peu rugueuse manquent cruellement à Hilbert. Quant à Felix Klein, il n'a jamais mis les pieds à Königsberg en tant que professeur, se contentant de longues visites. Des rencontres mémorables, où les discussions s'enflamment joyeusement et durant lesquelles Hurwitz enchante tout le monde en jouant magnifiquement des pièces de Chopin au piano. Mais même à distance, Klein reste irremplaçable. Depuis 1886, il est professeur en titre à Göttingen. Sous sa main de fer, la vénérable université a entamé son irrésistible ascension. L'objectif est clair : elle doit devenir la première du monde !

Or justement, Hurwitz va se rendre en ce début d'année à Göttingen, pour y rencontrer Klein. Il *faut* qu'il lui parle. Depuis quelque temps, une chose le tracasse. À tel point qu'il en perd parfois le sommeil. Pourquoi cette agitation, lui d'ordinaire si calme ? Parce qu'il commence à saisir qu'il existe une constante qui semble « régler » la marche des choses. Cette constante – le fameux nombre d'or –, parfois appelé *Proportion divine,* il la retrouve partout, dans les fleurs, les coquillages et même la musique qu'il joue chaque jour au piano ! Progressivement, il découvre combien ce nombre est étrange. Et avec Klein il est bien tombé pour y voir plus clair ! Lui aussi s'intéresse de près à ce nombre hallucinant. Au terme d'un épuisant affrontement avec le magistral Henri Poincaré, il a fini par publier en 1884 un épais ouvrage consacré à ce qu'on appelle les « solides Platoniciens », des objets géométriques à trois dimensions répertoriés vers 350 avant Jésus Christ par le philosophe Platon dans le *Timée*. Ces cinq « solides » (dont fait partie le bon vieux cube, par exemple un dé à jouer) ont été baptisés par les savants grecs (notamment par le légendaire Euclide dans le treizième livre des fameux *Éléments*) les « atomes de l'Univers ». C'est dire leur importance. Or, Klein s'est particulièrement tourné vers l'un de ces solides, qui porte le nom un peu barbare de « Icosaèdre ». À son grand étonnement, il découvre alors que le nombre d'or joue un rôle capital dans sa construction. Il n'en faut pas beaucoup plus pour que le grand mathématicien allemand fasse cette déclaration fracassante : « Tout objet géométrique est, d'une manière ou d'une autre, relié à l'Icosaèdre. » Mieux encore : selon lui, ce « solide d'or » comme il le surnomme parfois, contient la clef qui permet de réunir les cinq branches des mathématiques (autant dire tout le savoir). Il n'est donc pas surprenant qu'il ait encouragé Hurwitz à poursuivre ses propres recherches avec, en ligne de mire, de nouveaux résultats qui pourraient permettre de débusquer des aspects inconnus de l'intouchable nombre d'or.

Sans rechigner, Hurwitz retrousse ses manches et se met donc au travail. Comme toujours, il se donne à fond du matin au soir, avec une énergie farouche. Il ne consent à relever la tête que pour sa sacro-sainte promenade du soir en compagnie de Hilbert et Sommerfeld. À ce rythme infernal, le résultat ne se fait pas attendre. Klein reçoit donc un article qu'il s'empresse de faire publier avant la fin de l'année 1891 dans les *Annales de Mathématiques*, revue qu'il dirige depuis son fief de Göttingen et qui est devenue sous son règne la plus prestigieuse du monde. Que contient ce fameux article ? En fait un théorème qui aurait pu passer inaperçu mais dont les conséquences sont colossales. Car en cherchant un peu, les lecteurs sidérés finissent par déboucher sur cette trouvaille plus que bizarre : le nombre d'or est non seulement irrationnel (il est impossible de le représenter par le rapport de deux entiers, ce qu'on savait déjà) mais en outre, c'est le plus irrationnel de tous les nombres irrationnels ! En somme, un nombre

« sauvage » vraiment inapprochable, bien plus inaccessible que tous les autres.

Qu'est-ce que tout cela veut dire ? Que signifie donc l'étrange découverte de Hurwitz ?

Les choses vont peu à peu s'éclairer à mesure que nous allons avancer. Mais pour cela, encore fallait-il que Hilbert et Minkowski entrent en profondeur dans la théorie des nombres et parviennent à acquérir, entre autres, une pièce manquante. Un élément du puzzle que nous allons trouver dans le chapitre qui suit.

9

L'harmonie préétablie

Nous voici en 1885. Cette année-là, Hilbert et Minkowski vont tous deux soutenir leurs thèses de doctorat, au même endroit (la romanesque cité de Königsberg) et avec le même directeur de thèse (Ferdinand von Lindemann, celui qui a découvert avec fracas que π est transcendant). À partir de 1886, Sommerfeld retrouve enfin Minkowski à l'université où, à son tour, il s'inscrira en thèse sous la direction de Lindemann, comme ses deux amis. Les deux anciens camarades d'enfance, en compagnie de l'énergique Hilbert, ne comptent plus les nuits blanches passées à discuter. À eux trois, ils commencent à former dans la tranquille université de Königsberg un cercle de pensée et d'amitié unique où l'on parle passionnément de tout (de philosophie, de poésie, de musique, de femmes et, bien sûr, de mathématiques). Chaque jour, ils se lancent dans d'interminables promenades dans le parc. La vie est devant eux. À cette époque, aucun d'eux ne réalise encore qu'un jour, ils domineront le monde des mathématiques.

Mais la grâce n'aura duré qu'un an. En 1887, Minkowski accepte son premier poste de chargé de cours à l'université de Bonn, en Rhénanie du Nord. Une aubaine, mais qui le force à s'exiler loin de son cher Königsberg. Qu'importe ! On s'écrira. Car même à distance, jamais les liens entre eux ne se briseront, bien au contraire. À eux trois, sous l'impulsion de Lindemann et avec l'aide décisive de Hurwitz et de Klein, ils vont s'approcher comme jamais de ce que Hilbert commence à appeler « l'harmonie préétablie », c'est-à-dire un ordre profond dans l'Univers. Un ordre justement révélé par les nombres.

*

Nos trois amis voient dans les nombres bien plus que de simples objets mathématiques. Pour eux, chaque fois que nous comptons sur nos doigts, nous frôlons sans le savoir quelque chose d'infiniment mystérieux. Comme le reflet visible d'une sorte de *pensée* invisible, venue d'un ailleurs insondable, au-delà de l'espace et du temps. Cette conviction, Hilbert la tire en premier lieu de sa lecture de Kepler. Par une sorte d'intuition fulgurante, le grand astronome a en effet écrit en 1619 (au moment même où il s'intéressait aux flocons de neige) : « La géométrie existait avant la création. Elle est éternelle, comme la pensée de Dieu[1]. » De quoi plonger Hilbert dans une profonde perplexité. Quant à Minkowski, son credo lui vient tout droit de Pythagore. Il y a bien sûr le fameux théorème de Pythagore. Un théorème que vous connaissez sans doute par cœur, dont la portée est universelle et qui va dominer toute la vie et les principales découvertes de Minkowski. Mais il y a aussi cette pensée du grand savant grec, qui inspire plus que tout notre étudiant : « Les nombres sont au sein de tout ce qui existe. »

Les nombres !

1. *Harmonice Mundi* (1619).

Encore eux. Les deux camarades en sont maintenant persuadés : les relations (parfois stupéfiantes) qui existent entre les nombres sont à l'origine de l'ordre profond, des *lois* qui gouvernent notre monde physique. Or une loi, c'est quelque chose d'universel et d'immuable, qui ne varie pas, ni dans le temps ni dans l'espace. Quelque chose qui semble *pensé* et écrit une fois pour toutes.

Mais par qui ? Par quoi ?

Un soir, alors qu'il est seul dans sa chambre, Hilbert tombe sur un texte qui, plus que tout autre, coïncide avec ses propres convictions, issues de Pythagore. En particulier il en retient cette affirmation, signée vers l'an 390 par le philosophe Augustin d'Hippone (dit saint Augustin) : « Les nombres sont la pensée de Dieu. » En silence, cette idée commence à se frayer un chemin chez Hilbert. Ne serait-ce pas une autre façon de désigner cette fameuse « harmonie préétablie » dont parle Klein à tout bout de champ ? Raison de plus, se dit alors le jeune mathématicien, de s'attaquer aux nombres ! Mieux encore : de construire une véritable *théorie des nombres*. Et ce soir-là, la décision de Hilbert est prise : s'il le faut, il consacrera des années à comprendre ce que sont *vraiment* les nombres. À percer leur mystère. Car selon ce qui deviendra plus tard sa devise, il *doit* savoir !

Mais par où commencer ?

Après avoir longtemps réfléchi, Hilbert décide, crayon et carnet en main, de s'attaquer non pas directement aux nombres mais à des êtres mathématiques immuables, images parfaites des lois tout aussi immuables qui règlent l'Univers. Fixes face à l'éternité comme des statues de marbre, ces objets du calcul ne varient jamais. De quoi s'agit-il ? De ce que les mathématiciens appellent déjà au XIXe siècle des *invariants*.

Ces fameux invariants, on va d'abord en trouver la trace dans la thèse de doctorat de Hilbert, puis, de manière fracassante, dans un article qu'il soumet en 1888 aux *Annales de Mathématiques*. Le jeune homme y propose un théorème révolutionnaire, connu aujourd'hui sous ce titre pour le moins insolite : le « théorème de finitude ». Un théorème qui, à l'époque, a fait beaucoup de bruit. Tremblant littéralement de rage devant la méthode utilisée par Hilbert, l'expert du sujet aux *Annales de Mathématiques*, Paul Gordan, rejette brutalement l'article avec ce commentaire exaspéré : « Ce n'est pas des mathématiques mais de la théologie ! » Et il ajoute : « C'est insuffisant pour les *Annales.* » Gordan (qui s'est montré très critique à l'égard de Lindemann en « simplifiant » son travail sur le nombre π) n'est pas vraiment un allié. Et son verdict est terrible. Très contrarié, Hurwitz s'empresse alors d'informer Hilbert dont le sang ne fait qu'un tour. Sans attendre un seul jour, il adresse à Klein un mot très sec où perce sa colère : « Je ne suis pas prêt à modifier ou à supprimer quoi que ce soit ! Concernant cet article, je dis en toute modestie que c'est là mon dernier mot ! » Felix Klein (il règne maintenant en maître sur la toute-puissante université de Göttingen ainsi que sur les *Annales*) s'y prend à deux fois avant de juger qu'il s'agit finalement d'un travail capital ! Il assène alors à qui veut l'entendre que l'article doit être publié *tel quel*, sans le moindre changement.

Alors ? Que pouvons-nous trouver dans ce fameux théorème ? À première vue, des paragraphes hérissés de calculs incompréhensibles. Mais il y a autre chose : en tirant les conclusions philosophiques de ce théorème fondateur (le premier résultat important dans sa longue vie de mathématicien) Hilbert va se forger peu à peu une conviction qui va dominer toute sa pensée. Laquelle ? Que l'Univers n'est pas infini, ni dans le temps ni dans l'espace. Qu'il est soumis à un ordre éblouissant. Et que la source de cet ordre – de cette pensée ? – se trouve au-delà de l'Univers. Au-delà de l'espace et du temps.

*

Mais pour l'heure, quelque chose de bien plus mystérieux lie déjà les trois jeunes gens. Quelque chose qui les tracasse du matin au soir et qui met en cause l'existence de l'Univers tout entier. Depuis les flocons de neige photographiés par Bentley jusqu'aux étoiles observées par les astronomes. De quoi s'agit-il ? De ce que (dans leur jargon emprunté au philosophe Leibniz) les trois savants (qui désormais portent la barbe) appellent une « harmonie préétablie ».

Une harmonie préétablie ! Pour de jeunes scientifiques de la trempe de Hilbert ou Minkowski, le mot est osé, presque inadmissible. Qu'est-ce qu'il cache ? Quelque chose qui nous ramène à la fameuse idée de Minkowski lorsqu'il avait quinze ans : il existerait une sorte de lien étrange entre la réalité physique et les mathématiques. Entre les atomes et les nombres. Entre la matière et l'esprit. Car nos trois amis en sont maintenant persuadés : rien dans le monde n'est dû au hasard. Au contraire, tout – absolument tout – de près ou de loin, repose sur des lois. Sur un ordre profond. Un ordre que seules les mathématiques permettent de déchiffrer et de comprendre.

Or, à partir de 1893, cette belle conviction se trouve nettement renforcée. Pourquoi ? Parce que cette année-là, la toute jeune Société allemande de mathématiques (elle n'a alors que trois ans d'existence) charge Hilbert et Minkowski de dresser un état des lieux complet de la théorie des nombres. Le choix de Minkowski est naturel tant sa réputation dans la science des nombres est élevée. Pour Hilbert, c'est un peu différent ; il n'a encore accompli que peu de chose dans ce domaine et doit y faire ses preuves. Mais en quelques mois, tout bascule. Très vite, Minkowski se retire, pris du matin au soir par la construction de sa fameuse « géométrie des nombres ». Désormais seul aux commandes, le génie de Hilbert va alors s'exprimer. Sa première tâche consiste à passer au crible le fameux nombre π, et en particulier à simplifier la démonstration de son mentor Lindemann concernant la nature transcendante de cette constante de la nature. Même traitement pour *e*, la célèbre constante d'Euler (une autre de ces grandes constantes mathématiques dont Hilbert, pas plus que les autres, ne sait d'où elle vient). De quoi le mettre en jambes pour la suite. Et quelle suite ! En 1895, grâce à Klein, il arrive enfin à Göttingen. Un royaume à la mesure de ce prince des mathématiques. Klein est un redoutable organisateur, sans doute le meilleur – et de loin – de toute l'Université allemande. Hilbert, lui, est devenu un mathématicien hors pair, doté d'une volonté de fer. À eux deux, ils vont faire de Göttingen la première université du monde pour ce qui est de la physique mathématique, loin devant les puissantes universités de Berlin, de Cambridge, d'Oxford ou de Princeton. Désormais la flamme olympique est à Göttingen. Elle y brillera jusqu'à la sombre arrivée des nazis au pouvoir, en 1933.

Or, en cette année 1895 où tout lui réussit, Hilbert va entrer en profondeur dans la forêt des nombres. Et un peu comme le voyageur de Rimbaud qui voit quelquefois ce que l'homme a cru voir, il commence à déceler des choses nouvelles, inouïes, au fond de l'inconnu. Des relations inédites, des lois que personne avant lui n'avait jamais vues. D'ailleurs, se sentant invincible au cœur de la vérité, il n'hésite pas à écrire dans son compte rendu : « Le développement moderne des mathématiques pures a essentiellement lieu sous la bannière des nombres[1]. » C'est pourquoi il ne se contente pas de faire un simple compte rendu de ce qui existe ; il va beaucoup plus loin et s'efforce de répondre à cette question fondatrice, la plus profonde qui soit : *qu'est-ce qu'un nombre* ? En 1897 (deux ans après son arrivée triomphale à Göttingen) il publie son célèbre *Zahlbericht – Rapport sur les nombres* –, devenu aujourd'hui un classique incontournable. Un livre qui contient d'étincelants secrets.

En ces années 1890, ont-ils déjà en tête ce que bien plus tard, Einstein (le plus brillant élève de Minkowski) allait appeler « la pensée de Dieu » ? Pas encore. Leur but est alors simplement de « voir l'invisible », comme le répète Hilbert en riant. En somme, exhumer les lois mathématiques qui se cachent au cœur de la nature. Et c'est déjà beaucoup.

Mais pour en arriver là, encore fallait-il pouvoir répondre à la question : quel est le rapport entre les nombres et la nature ? Entre les lois mathématiques et la réalité physique ? Et surtout, l'Univers est-il, oui ou non, gouverné par le hasard ?

C'est là que Hilbert va réussir un formidable coup d'éclat. Engendrer une colossale onde de choc et mettre à notre portée des clefs pour percer le mystère, comme nous allons le voir dans le chapitre qui suit.

---

1. In J. Gray, *Le Défi de Hilbert*, Dunod (2004).

10

Le congrès de 1900

Ce matin du 8 août 1900, un grand soleil d'été brille sur Paris.

La magnifique Exposition universelle, inaugurée le 14 avril de la même année, vient d'ouvrir ses portes comme chaque matin. Elle a déjà attiré plus de 30 millions de visiteurs. On y trouve d'énormes locomotives d'un type encore inconnu, un trottoir roulant nommé « la rue de l'avenir », de stupéfiants prototypes d'avions, des fontaines lumineuses et la reconstitution de la première ligne de métro, inaugurée en ouverture.

Mais ce jour-là, Paris accueille un tout autre événement. Un rassemblement qui va réunir pour quelques jours, dans le vénérable bâtiment de la Sorbonne, des savants – en fait, la fine fleur des mathématiciens – du monde entier. Il est vrai que l'événement est de taille : le deuxième Congrès international de mathématiques, largement dominé par les maîtres de Göttingen. Parmi les nombreux participants, un homme connu de tous, tour à tour redouté et jalousé : David Hilbert.

*

Le congrès précédent, premier du genre (où se sont fait entendre des voix très fortes) a eu lieu à

Zurich trois ans auparavant, en août 1897, à l'initiative de Georg Cantor et, bien entendu, de l'incontournable Felix Klein. Dans la foulée, la domination de l'école de Göttingen s'était encore accentuée. Car en 1899, les savants du monde entier se retrouvaient à nouveau à Munich pour une grande conférence de la Société allemande de mathématiques, fondée et longtemps présidée par Cantor.

Bien entendu, Hilbert y participe. La pluie tombe à torrents lors de la séance inaugurale mais elle semble avoir galvanisé notre homme. Poussant toujours plus loin son exploration des lois ultimes de la nature, il donne aux quatre-vingts participants suspendus à ses lèvres une communication éblouissante sur l'idée de nombre. Une fois de plus, la magie de ses paroles, simples et profondes, a opéré. Le seul participant susceptible de lui disputer la vedette à Munich est alors l'Autrichien Ludwig Boltzmann. Qui est-ce ? Un personnage hors du commun. Détenteur de la chaire de physique théorique de l'université de Vienne, ancien président de l'université de Graz, bientôt membre de la Royal Society, Boltzmann est un orateur incroyablement brillant. Avec sa barbe explosive, il en impose par sa stature et comme il est doté d'un sens inné du théâtre, il a l'art de faire passer ses idées. Il est capable, comme pas un de ses collègues à l'époque, de faire le pont entre les mathématiques et la physique. Sa discipline porte un nom qu'on commence à peine à découvrir : la « thermodynamique ». En gros, son sujet d'études, c'est la chaleur. Il y découvrira une constante célèbre, qui porte son nom. Et surtout, c'est lui qui a formalisé ce phénomène si étrange qu'on appelle « l'entropie ». De quoi s'agit-il ? De « l'ordre » caractérisant un système. Plus l'entropie de ce système (par exemple une tasse de café) est élevée, moins les éléments qui le composent sont ordonnés (et vice versa). Une clef unique pour comprendre l'origine et l'évolution de l'Univers.

Minkowski et Hilbert sont très impressionnés par la prestation de Boltzmann. Et celle-ci va avoir un impact capital sur le congrès qui doit avoir lieu à Paris l'année suivante. En effet, alors que Hilbert pensait devoir prendre en 1900 le contre-pied de ce qu'avait dit l'impressionnant Poincaré lors du premier congrès de 1897, Minkowski propose une tout autre stratégie. Et il le lui écrit : « Beaucoup plus séduisant serait de regarder vers l'avenir, autrement dit de caractériser les problèmes vers lesquels les mathématiciens devraient se tourner. De cette façon, il se peut que des personnes continuent de parler de votre discours après plusieurs décennies[1]. »

Hilbert va suivre à la lettre le précieux conseil de son ami. Avec des résultats qui dépasseront toutes les espérances. Traversant à grandes enjambées tout le paysage des mathématiques, son œil acéré y décèle vingt-trois énigmes majeures. Autrement dit, vingt-trois problèmes à portée universelle, dont la solution en 1900 n'était pas encore trouvée. La fameuse liste sous le bras, il saute dans le train pour Paris. Cette liste est connue aujourd'hui sous ce nom de légende : *les vingt-trois problèmes de Hilbert*.

*

Ce matin du 8 août 1900, la chaleur est étouffante à Paris. On a beau avoir ouvert en grand les portes de l'amphithéâtre de la Sorbonne, l'air stagne à chaud dans les gradins. Hilbert balaie la salle du regard. Il y a de nombreux vides sur les bancs. Est-ce la chaleur ? Certains de ses collègues ont-ils préféré visiter la tour Eiffel ou l'Exposition universelle ?

1. In J. Gray, *op. cit.*

Sans se démonter, le mathématicien allemand respire un grand coup et prend la parole. Sa toute première phrase, prophétique, cloue l'assistance de surprise : « Qui de nous ne serait pas heureux de lever le voile derrière lequel se cache l'avenir ; de jeter un coup d'œil sur les progrès futurs de notre science et les secrets de son développement au cours des siècles à venir[1] ? » Les savants en redingote noire haussent les sourcils tandis qu'un bruissement indistinct s'éparpille au fond de la salle. Mais déjà les propos de Hilbert s'enchaînent, avec précision et lucidité, comme d'habitude. Et à mesure qu'il énonce son programme – un défi pour toute la science du XXe siècle et, peut-être, pour les siècles à venir – les murmures s'estompent. Les voix s'éteignent. Et l'écoute s'installe. Hilbert tient son auditoire au bout de ses mots. De ses silences bien pesés. De ses gestes suspendus. On l'écoute bouche bée. Car ces savants à lunettes ovales et à col brisé sous leur barbe sentent qu'en cet instant, ils sont en train de faire l'histoire. De regarder loin vers un avenir insondable.

Parmi ces vingt-trois problèmes, un est particulièrement cher à Hilbert : la mystérieuse hypothèse de Riemann. Cela fait presque un demi-siècle qu'elle a été proposée par le grand mathématicien et au moment où le conférencier la présente à la Sorbonne, elle reste tout aussi inaccessible qu'au premier jour. Or, ce qui compte pour Hilbert, la raison pour laquelle il en a fait le huitième problème sur sa liste, c'est que si cette hypothèse était démontrée un jour, cela voudrait dire que l'apparition des nombres premiers dans la suite infinie des entiers *n'est pas due au hasard*. Qu'un ordre invisible guide leur surgissement jusqu'à l'infini. Et en présentant à ses collègues la fameuse hypothèse – le huitième pro-

1. http://aleph0.clarku.edu/~djoyce/hilbert/problems.html

blème – ce beau matin d'août 1900, il n'hésite pas à tracer la route afin de déchiffrer cet ordre caché dans la formule : « Nous devrions déterminer en quoi la condensation occasionnelle des nombres premiers mise en évidence dans le comptage de ces nombres est réellement due aux termes de la formule de Riemann. » Difficile d'être plus clair. Mais il le sait, la tâche est colossale. Pour preuve, aujourd'hui encore, la redoutable hypothèse reste *muette*. Malgré les efforts acharnés de dizaines de milliers de mathématiciens parmi les champions du monde depuis plus d'un siècle, il lance cette question devenue légendaire : « Si je devais me réveiller après avoir dormi mille ans, ma première question serait : est-ce que l'hypothèse de Riemann a été démontrée ? » Car plus encore que les vingt-deux autres problèmes de sa fascinante liste, l'hypothèse de Riemann porte en profondeur l'image de cette harmonie préétablie entre les nombres et la réalité que Hilbert cherche opiniâtrement à révéler. C'est sans doute avec cette quête ardente en tête qu'en ouverture de son inoubliable présentation, il a ouvertement mentionné ce matin-là l'existence d'une « harmonie préétablie entre mathématiques et physique. »

Une « harmonie préétablie » ! Le mot est très fort et la conviction de Hilbert l'est tout autant. Ce credo presque métaphysique – en réalité partagé par tous ses collègues à Göttingen, Minkowski et Klein en tête – ne fait que se renforcer au fur et à mesure qu'il s'avance de plus en plus loin au cœur du mystère mathématique.

En 1919, les équations de la relativité d'Einstein – qu'il a reçu en grande pompe à Göttingen en 1915 – viennent de se voir apporter une première preuve de leur exactitude grâce à l'observation de la lumière du soleil. L'événement se répand comme une traînée de poudre dans le monde et parvient aux oreilles de Hilbert qui lance alors ce commentaire éclatant : « On est conduit vers une impression d'harmonie préétablie. Nous devons faire face au fait remarquable que la matière semble obéir totalement et pleinement au formalisme mathématique. Une correspondance insoupçonnée entre réalité et pensée est ici manifeste, ce que nous devons provisoirement accepter comme un miracle[1]. »

Un miracle ! Dans la bouche d'un savant de la trempe de Hilbert, parfaitement rationnel et d'une exemplaire prudence, le mot prend un sens retentissant.

Encore une question avant de quitter le congrès de 1900 : Hilbert est-il le seul à penser ainsi, en termes d'harmonie préétablie ? Bien sûr que non. À Göttingen, Minkowski, Klein, Hurwitz, Sommerfeld, Weyl et bien d'autres ressentent eux aussi cette mystérieuse correspondance. Mais pas seulement à Göttingen. En France, l'immense Henri Poincaré, savant universel, considéré comme le plus grand mathématicien de cette époque – et comme l'un des plus grands tout court – lance en 1905 ce cri face aux lois invisibles – mais implacables – de la nature : « L'astronomie ne nous a pas appris seulement qu'il y a des lois mais que les lois sont inéluctables, qu'on ne transige pas avec elles… Elle nous a appris que les lois sont infiniment précises[2]. »

Mais d'où viennent ces lois ? Qui – ou quoi – les a écrites ? Nous verrons plus loin qu'Einstein apportera en 1936 une réponse précise à cette question. Une réponse qui, aujourd'hui encore, résonne comme un coup de tonnerre. En attendant, il nous faut déchiffrer ces lois. Tenter de comprendre ce

1. In L. Corry, *David Hilbert and the Axiomatisation of Physics*, Springer (2004).
2. Henri Poincaré, *La Valeur de la science* (1905).

qu'elles veulent dire, même s'il n'est pas question d'agir sur elles et de les modifier. Quelle est la clef, la grille de décodage ? Pour Hilbert et tous ses collègues du monde entier, les mathématiques sont bel et bien le langage *unique* de la nature. Et si, pour reprendre le mot prononcé par Gauss à Göttingen un demi-siècle plus tôt, « les mathématiques sont la reine des sciences », c'est qu'elles seules peuvent nous donner accès au mystère de l'Univers. Mais à ce stade, surgit pour nos amis un nouveau défi à relever : qu'est-ce que l'Univers ?

C'est là que Minkowski entre à son tour en scène de manière fracassante.

11

Vers l'espace-temps

Cette fin d'hiver 1906 est rude à Göttingen. La neige est presque chaque jour précipitée par paquets sur les fenêtres de la bibliothèque de mathématiques, récemment créée par l'excellent Felix Klein (décidément bourré de bonnes idées pour son université fétiche). Serré contre le poêle qui a du mal à repousser le froid hors des murs, Hilbert ôte ses lunettes. Il n'en croit pas ses yeux. L'article qu'il vient de lire, posté depuis le fin fond de la Russie, est stupéfiant de profondeur. Et vient de lui apprendre tout un tas de choses inattendues.

De quoi parle cet article ?

De nombres très insolites, découverts au XVIIIe siècle et qui, aujourd'hui encore, sont mal connus. On les appelle « nombres de Bernoulli ». Or, là où l'affaire devient franchement passionnante, c'est que les nombres en question entretiennent d'étroites relations avec cette fameuse hypothèse dont Hilbert a parlé six ans auparavant : l'hypothèse de Riemann ! Bien plus étonnant encore, l'auteur de ces écrits est quelqu'un de totalement inconnu, qui n'a encore jamais publié en mathématiques. Et pour cause : il a tout juste dix-sept ans. Son nom ? Alexander Friedmann.

Friedmann !

Le mythique mathématicien aux lunettes ovales. Celui qui, du fond de ce monde perdu qu'était à l'époque Saint-Pétersbourg, a découvert en 1922 que l'Univers ne *pouvait pas* être fixe. Qu'il devait être en expansion. Et que donc, il avait inéluctablement eu un commencement. Cependant, tout cela appartient encore à l'avenir. En 1906, Friedmann n'est encore qu'un collégien. Mais son article est bon. Très bon, même ! Malgré tout, pour en être tout à fait certain, Hilbert décide de le montrer le soir même à Minkowski. Le lendemain matin, le verdict tombe : l'article est original et d'un bout à l'autre excellent. « Ce jeune homme ira loin ! » ajoute Minkowski en riant. Il ne croit pas si bien dire. Seize ans plus tard, Friedmann défiera Einstein et anéantira son modèle d'Univers fixe. Et son nom restera à tout jamais attaché au modèle du Big Bang.

En attendant, Hilbert ne prend pas de gants avec son comité de lecture. Décidant de le court-circuiter, il décrète que l'article sera publié dans les prestigieuses *Annales de mathématiques*. Un journal qui, sous la main de fer de Klein, est devenu imprenable. Pourtant, l'article du jeune Friedmann y est publié, à l'immense surprise de ses professeurs russes et de ses camarades.

Or, quelques jours plus tard, voilà que Minkowski reparle du fameux article à Hilbert. Ce qui lui trotte dans la tête, c'est que les énigmatiques nombres de Bernoulli lui semblent déboucher, très en profondeur, sur des relations qui pourraient bien exister entre l'espace et le temps. Mais ce n'est encore qu'une idée floue et Minkowski en reste là de ses cogitations.

Pourtant, cette petite étincelle de curiosité ne va pas s'éteindre, loin de là. Étrangement, après avoir lu l'article du jeune Friedmann, Minkowski revient sur son intuition et commence à se dire qu'il existe, peut-être, une relation mathématique encore invisible, reliant étroitement l'espace et le temps. Mais laquelle ? Il faut trouver la réponse ! D'autant plus que l'année précédente, son ancien élève à l'École polytechnique de Zurich, Albert Einstein, a fait paraître une série d'articles qui commencent à faire beaucoup de bruit.

Albert Einstein !

Rien que d'y penser, sa moustache se hérisse. Jamais Minkowski n'aurait pensé que cet étudiant selon lui médiocre (à Zurich, il l'appelait « le chien paresseux »), plus occupé à sécher les cours qu'autre chose, serait capable d'un tel résultat. Il le sait bien, Einstein s'est toujours montré rebelle aux mathématiques. Mais les faits sont là ! Et les discussions à propos de ses articles de 1905 commencent à aller bon train. Le poing de Minkowski s'abat sur son bureau. Il faut donc faire quelque chose ! Justement, quelque temps auparavant – la chose tombe à pic – il a découvert et lu avec passion un article signé Poincaré, publié la même année. Et le trésor d'idées qu'il y trouve le met sur la piste. Son but ? Rien de moins que mettre au jour l'écriture mathématique – en fait l'ordre – qui gouverne dans l'invisible l'espace et le temps. Comment trouver cet ordre ? Chaque jour, cette question va devenir de plus en plus obsédante pour Minkowski. Et l'entraîner irrésistiblement au cœur d'un mystère à l'époque indicible, le plus profond de tout l'Univers.

*

Nous voici en 1908. C'est le début de l'été. Mais au lieu de savourer la douceur de juin à l'ombre fraîche des grands arbres, Minkowski travaille d'arrache-pied. Mais il n'y a pas que ses calculs. Depuis quelque temps, il est contrarié. Pourquoi ?

Parce que Hilbert, son ami de trente ans, guetté par le surmenage, a pris des vacances forcées dans un chalet de montagne. Après son terrible affrontement avec Poincaré des années auparavant, Klein lui aussi était venu se reposer au même endroit. En bref, Hilbert n'est pas au rendez-vous pour les incontournables promenades dans le parc. Ni avec lui pour vérifier ses calculs. Mais tant pis ! Il doit *coûte que coûte* être prêt à défendre ses idées au début de l'automne. Et pas question de ruser avec le calendrier : il est attendu de pied ferme.

À l'heure dite, le 21 septembre 1908, Minkowski se retrouve donc à Cologne, face à une assemblée de médecins et de naturalistes réunis pour leur congrès annuel. Sa conférence porte un titre fascinant, à la hauteur de son ambition : « *Raum und Zeit* », ce qui veut dire « Espace et Temps ». Petite contrariété pour le savant de Göttingen : il n'y a pas de véritables mathématiciens dans la salle. Va-t-on suivre ce qu'il va dire ? Rien n'est moins sûr ! Malgré tout, Minkowski se lance. Et dès les premiers mots, l'assemblée est comme envoutée : « Messieurs, les conceptions de l'espace et du temps que j'aimerais présenter devant vous aujourd'hui ont surgi du sol de la physique expérimentale, ce qui fait leur force[1]. »

Minkowski marque une pause. Dans l'auditoire personne n'ose bouger. Puis le maître reprend à voix basse, presque dans un murmure, avec ces mots qui vont devenir historiques : « Désormais, l'espace en soi, le temps en soi sont condamnés à disparaître comme des ombres et seule une certaine union des deux conservera une réalité indépendante[2]. »

1. http://en.wikisource.org/wiki/Space_and_Time
2. Idem.

Cette fois, l'assemblée est pétrifiée. Sans savoir pourquoi, sans comprendre la portée de ces mots ni leur force, chacun sait qu'il vit un moment unique. Que les paroles de Minkowski ne leur appartiennent déjà plus mais relèvent de l'histoire. Comme chauffé à blanc par ce qu'il vient de dire, parlant maintenant pour lui-même, Minkowski se libère. Lance des mots totalement nouveaux, insaisissables par des médecins, tels que « lignes d'Univers », « cône de lumière » et bien d'autres. Mais au bout du compte, il vient de donner la toute première vision – sidérante pour son auditoire – de l'espace-temps.

Finalement qu'a-t-il dit ce jour-là ? D'abord, que l'espace et le temps sont liés l'un à l'autre au sein d'une géométrie *unique*, à quatre dimensions (trois pour l'espace, une pour le temps). Avec une audace visionnaire, il appelle cette géométrie « l'Univers » (et dans son esprit, il s'agit bien d'une représentation de notre Univers à quatre dimensions). Chaque point de cet Univers est appelé « point-Univers ». Et les lignes formées par ces points, il les appelle des « lignes d'Univers ». Vient maintenant le plus important : le lien profond existant entre le temps et l'espace est de nature purement *mathématique*. Comment trouver ce lien ? Tout simplement en utilisant le bon vieux théorème de Pythagore, mais cette fois en quatre dimensions (et non pas en deux dimensions, sur une feuille de papier). De même que grâce au théorème de Pythagore l'on peut calculer la distance entre deux points sur un plan, il devient possible, en appliquant ce même théorème à quatre dimensions, de calculer des distances non plus dans l'espace seulement mais aussi *dans l'espace-temps*. Autrement dit, des « distances d'Univers » ! Pour finir, l'objet mathématique qui relie l'espace et le temps s'appellera la « métrique ». Au comble d'une joie presque métaphysique, Minkowski lance alors :

« L'Univers tout entier paraît pouvoir se résoudre en de telles lignes d'Univers, et selon moi, les lois physiques pourraient trouver leur expression la plus parfaite sous forme de relations entre ces lignes d'Univers[1]. » Ce qui revient à dire que nous sommes tous, à chaque instant, immergés dans un océan de nombres. Pourquoi ? Parce qu'à chaque point de l'espace-temps – à chaque point-Univers – on trouve nécessairement quatre nombres invisibles (trois pour l'espace et un pour le temps). On peut ainsi saisir que nous sommes en permanence plongés dans un immense fleuve de nombres que nous ne verrons jamais mais qui tourbillonnent autour de nous, en nous, à chaque instant. Quant au calcul, il permet d'exhiber cette relation qui existe entre ces flots numériques. Et à partir de là, de découvrir les fameuses lois dont parle Minkowski.

Mais le plus important de tout, ce qui oriente toute l'entreprise de Minkowski et lui donne finalement son sens, est dans ces mots qu'il écrit à la toute dernière ligne de son discours : « Même ceux qui trouvent antipathique, voire douloureux d'abandonner le vieux concept du temps, seront réconciliés par l'idée d'une harmonie préétablie entre les mathématiques pures et la physique[2]. »

Une harmonie *préétablie* ! Avec les mêmes mots, huit ans après Hilbert, Minkowski à son tour fait donc référence en toutes lettres – et sans complexes – à l'existence d'un « ordre d'essence mathématique » gouvernant les phénomènes physiques. Mais allons un peu plus loin. Quelle est la nature de cet ordre mathématique ? Répondre à cette question, c'est revenir quelques instants à Königsberg, lorsque Minkowski avait quinze ans. Souvenez-vous : un

1. Idem.
2. Idem.

beau jour, il avait déclaré à son professeur de physique que la réalité était faite de nombres (et il s'était fait réprimander vertement). A-t-il changé depuis ? Pas vraiment. C'est même le contraire : il est devenu l'un des meilleurs experts au monde de la théorie des nombres. Sa conviction n'a donc fait que se renforcer au cours des années (surtout aux côtés d'esprits tels que Hilbert, Hurwitz et Klein).

*

Le retour à Göttingen est un triomphe. Hilbert le premier salue l'exploit. Puis c'est au tour de Max Born, son élève (qui va par la suite devenir illustre) et de Sommerfeld, le camarade de toujours. Les uns et les autres voient dans l'espace-temps de Minkowski l'avenir de la physique. Hélas, le savant ne profitera pas longtemps de cet état de grâce. Brutalement, un matin, il est victime d'une rupture de l'appendice. Il en meurt le 12 janvier 1909. Ses amis sont atterrés, Hilbert le premier. Son profond chagrin est reflété par l'homélie qu'il a prononcée en l'accompagnant à sa dernière demeure :

« Depuis mes années d'étudiant, Minkowski a été mon meilleur et plus fidèle ami. Il m'a soutenu avec toute la profondeur et toute la loyauté qui le caractérisaient. Notre science, que nous aimions par-dessus tout, nous a réunis ; c'était pour nous un jardin plein de fleurs. Là-bas, nous aimions chercher des passages secrets et nous avons découvert nombre de perspectives nouvelles qui ont fait appel à notre sens de la beauté, et quand l'un de nous le révélait à l'autre et que tous les deux nous étions émerveillés, alors notre joie était totale. Il était pour moi un rare don du ciel et je dois être reconnaissant d'avoir possédé ce don pendant si longtemps. Maintenant, la mort nous l'a brusquement arraché. Cependant, ce que la mort ne peut nous enlever, c'est son image noble dans nos cœurs et la conviction que son esprit continuera à être présent en nous[1]. »

Quelques jours plus tard, la neige s'est remise à tomber à gros flocons sur Göttingen. Max Born rassemble les dernières notes inachevées de Minkowski, les complète et les publie. Quant à son compagnon d'enfance, Sommerfeld, il reprend la conférence de 1908 et, après avoir disposé soigneusement toutes les pages sur son bureau, il se met au travail. Son but ? Améliorer la présentation mathématique de l'ensemble. Avec tout de même une arrière-pensée. En effet, Sommerfeld est, lui aussi, persuadé depuis toujours – depuis ce jour lointain où il était dans la cour de récréation avec Minkowski – qu'il existe une harmonie préétablie entre le monde mathématique et le monde physique. Entre les nombres et la matière. Et ce jour-là, il se jure de le montrer à tous. Après Hilbert, après Minkowski, le flambeau est maintenant entre ses mains. Que va-t-il en faire ? Quelque chose d'éclatant, qu'il vous sera impossible d'oublier.

1. Constance Reid, *Hilbert*, Springer Verlag, 1995.

12

Un nombre au cœur de la matière

Vingt ans !

En ce beau printemps de 1916, cela fait maintenant vingt ans qu'Arnold Sommerfeld a quitté Göttingen. C'était en 1896, à l'automne. Avec un pincement au cœur, il pense à cette époque bénie où, dans les années 1890, il était le premier collaborateur de Felix Klein, le maître de Göttingen. Où chaque soir vers cinq heures, après le thé, ils se promenait avec lui et Hilbert sous les grands arbres, les mains croisées derrière le dos, *à l'allemande.*

Depuis, il a fait du chemin. Il s'est rapproché du débonnaire Einstein, à qui il va apporter son aide pour formuler mathématiquement son étrange relativité générale. Au fil des années, ils vont devenir inséparables. Mais au-delà des alliances qui se renforcent, il y a autre chose. Sommerfeld le sait, désormais, après Hilbert, après Minkowski, c'est son tour. La science va passer par lui.

Depuis 1906, il est directeur de l'institut de physique théorique et détenteur de la chaire de physique à l'université de Munich. Tout le monde, collaborateurs comme étudiants, adore sa bonne humeur et sa générosité. Il est vrai qu'il est toujours prêt à donner un coup de main à ceux, collègues ou simples machinistes, qui ont besoin de lui.

Dans cette capitale fleurie de Bavière, les montagnes et les châteaux de Louis II ne sont pas très loin. La bière (dont Sommerfeld reconnaît chaque marque les yeux fermés) coule à flots, surtout pendant les fêtes titanesques dédiées chaque automne à la précieuse boisson. Felix Klein et Hurwitz ont, eux aussi, été à Munich avant lui. De quoi se sentir au fond plutôt bien dans cette ville du sud ensoleillée. Pourtant, Sommerfeld ne parvient pas à oublier Göttingen. Ses ruelles étroites. Ses maisons en bois blotties sous des bouquets d'arbres. Ses tavernes du Moyen-Âge. Et par-dessus tout son université, là où, jeune et plein d'espoir, avec Minkowski, Hilbert, Klein et Hurwitz, il a passé les plus beaux jours de sa vie. Là où il a pris conscience qu'il pourrait un jour découvrir, lui aussi, quelques fragments de cette harmonie préétablie dont il a si souvent parlé avec Hilbert – qu'il pourrait, lui aussi, déchiffrer quelques lignes du mystérieux livre de la nature.

*

En ce doux printemps de 1916, malgré les échos de la guerre qui fait rage en France, Sommerfeld a un large sourire sous sa moustache grisonnante. Pourquoi ? Parce qu'il a réussi ce qu'il s'était juré d'accomplir depuis la disparition brutale de Minkowski : montrer que celui-ci avait raison de dire qu'au cœur de la réalité, il y a des nombres !

Pour en savoir plus sur cet exploit qui va le propulser dans l'Olympe, rejoignons notre infatigable savant dans son laboratoire. Nous voici dans une pièce sombre, jonchée d'instruments et d'appareils tous plus bizarres les uns que les autres. Impossible de dire à quoi ils peuvent bien servir. Mais il y en a un, au fond du laboratoire, en état de marche. L'un des assistants du grand physicien vient de le régler, baissant la lumière qui jaillit d'une série de fentes à l'arrière. Or, Sommerfeld le sait déjà, grâce à cet appareil, il va entrer dans l'histoire ! Pourtant, ses expériences ont été incroyablement difficiles. Il lui a fallu plonger dans l'infiniment petit, jusqu'au cœur du minuscule atome d'hydrogène, à des échelles des milliards de fois plus petites que le centimètre ! Mais en mesurant cent fois, mille fois avec minutie les splendides rais de lumière, parfaitement géométriques, émis par ces atomes d'hydrogène, il a triomphé de tous les obstacles. Et réalisé cette prouesse que personne n'était arrivé à accomplir avant lui : découvrir un *nombre universel* au fond de la matière !

*

Chaque matin, lorsqu'il pénètre dans son laboratoire pour refaire la mesure, Sommerfeld a une pensée pour Minkowski. Il se souvient de ce fameux soir dans la cour du collège de Königsberg où son camarade d'enfance affirmait, sans trop savoir pourquoi, que tout dans la réalité qui nous entoure est fait de nombres. Car ce que lui, Sommerfeld, a découvert au fin fond de l'atome d'hydrogène, c'est bel et bien un nombre !

Un nombre au fond de la matière !

En fait, il s'agit de ce qu'on appelle un « nombre pur », ou encore, « sans dimension ». Qu'est-ce que cela veut dire ? Que tout comme 3 ou 4, ou encore π ou le nombre d'or, ce nombre ne dépend d'aucun choix d'unité. C'est simplement une quantité *fixe* et rien d'autre. Il est extrêmement petit et vaut 1 divisé par 137,035999679. Le résultat est 0,0072973525376... Un nombre infime, sans unité – sans dimension –, qui ne varie ni dans l'espace ni dans le temps. Un nombre universel.

Ici une première question : que signifie au juste cette constante de la nature ? En fait, elle régit la force électromagnétique. Pour être un peu plus explicite, ce nombre règle avec une précision féroce la manière dont les électrons (lancés dans une course folle autour du noyau de l'atome) émettent ou, au contraire, absorbent des photons, c'est-à-dire des « grains » de lumière. C'est donc lui, ce fameux nombre de Sommerfeld, qui fait que la chaise sur laquelle vous êtes assis ne s'éparpille pas en poussière, que notre réalité est « solide » et ne se désagrège pas en mille morceaux. À ce stade, réfléchissez un instant : ce nombre si précis est partout ! Dans chaque millimètre de cette page. Dans tout le mur en face de vous. Au plafond. Sur le plancher. Partout autour de vous. Et en vous. Et ce qui est vrai sur Terre l'est également ailleurs, sur Mars, sur les milliards de planètes de notre galaxie et jusqu'au fin fond de l'Univers.

Comment est-ce possible ? Pourquoi ce nombre et pas un autre ? D'où vient-il ?

Là commence l'immense mystère : personne ne le sait. Mais seule cette suite de chiffres (0,00729 etc.) convient à notre Univers. Car l'implacable résultat est là : si l'on remplaçait l'un des chiffres, par exemple le dernier calculé (qui est 6) par un 5 (ou par un 7, un 4 ou n'importe quel autre chiffre), la force électromagnétique subirait une sorte de « court-circuit » et c'est toute notre réalité qui s'effondrerait. Dans le meilleur des cas (si la variation reste infime, confinée assez loin dans les décimales) les étoiles ne pourraient plus briller. Au pire (en cas de variation plus forte) l'Univers tout entier tomberait en poussière ! En somme, tout se passe comme si ce nombre pur, venu de nulle part, était réglé avec une incroyable précision afin que « tout marche bien ». « Décidément, c'est à se taper la tête contre les murs ! » L'expression, provocatrice, a été lancée par l'un des élèves de Sommerfeld, et pas n'importe lequel : Wolfgang Pauli.

Qui est-ce ? Tout simplement l'une des plus grandes figures de la physique théorique du XXe siècle. Couvert de gloire – médaille Lorentz à trente et un ans, médaille Max Planck et bien sûr, prix Nobel en 1945 – il est du petit groupe d'hommes qui ont fondé la théorie quantique (et à partir de là, la physique moderne). Il est vrai que ce prodige, qui suscite la sympathie de tous, a commencé très tôt : à dix-huit ans tout juste, il publie son premier article sur la théorie de la relativité générale (à l'époque un monument de complexité encore très mal compris). Il soutient sa thèse à Munich, sous la direction de l'incontournable Sommerfeld en 1921. Cela fait cinq ans que ce dernier a fait sa grande découverte et Pauli ne tarit pas de questions. Il est littéralement fasciné par la constante de structure fine : pourquoi vaut-elle *presque* 1 divisé par 137 ? À mesure que les années passent, Pauli apporte des découvertes fracassantes à la physique, à commencer par le fameux « principe d'exclusion » qui portera pour toujours son nom et pour lequel il obtient (sur recommandation d'Einstein) le prix Nobel. Mais au fond, tout cela le laisse presque indifférent. Car ce qu'il veut comprendre à tout prix, ce pourquoi il travaille parfois toute la nuit sans fermer l'œil, c'est la constante découverte par son directeur de thèse. Mais rien à faire ! Plus il croit s'avancer vers elle, plus elle se dérobe. Et ses collègues ne lui sont d'aucun secours. Alors, n'y tenant plus, il va choisir un traitement radical. À partir de 1932, il va consulter le grand psychanalyste Carl Gustav Jung. Et se lancer avec lui dans une extraordinaire quête afin de comprendre ce nombre si mystérieux. En vain. La longue quête durera presque trente ans – toute une vie – jusqu'à la mort de Pauli, en 1958. Cloué au lit dans un hôpital de Zurich, il rendra son dernier soupir dans une chambre dont, étrangement, le numéro était 137 !

*

Mais revenons en 1916. Les chiffres sont là, immuables. Pour Sommerfeld, « ils sont comme ça depuis toujours[1] ». Quand on lui demande *pourquoi*, il se contente de hausser les épaules avant de grommeler, imperceptiblement agacé : « Parce que c'est comme ça ! » Et il s'amuse parfois à ajouter, prenant à partie ses interlocuteurs dans un pur style prussien, en levant son index vers le plafond : « Allez donc demander là-haut, si vous voulez en savoir plus ! »

Mais le plus souvent, ceux qui « veulent en savoir plus » sont parmi les plus grands du XXe siècle. Dès 1916, Max Born, l'un des glorieux bâtisseurs de la physique quantique, couronné du laurier suprême – le prix Nobel – en 1954, subit, comme il l'avoue lui-même, « une sorte de choc » à l'annonce de la fameuse découverte. Depuis, il ne cesse d'y penser. Il faut dire qu'il a été à bonne école pour poser les bonnes questions. Il est arrivé à Göttingen en 1904, et il y a rencontré ses maîtres tout- puissants, Hilbert, Klein et Minkowski. Peu à peu, s'infiltrant chez l'un puis chez l'autre, sachant se rendre indispensable comme assistant, toujours disponible pour rendre service, il va devenir l'un de ces admirables seconds rôles dans le grand théâtre de Göttingen. On

1. Ulrich Benz, *Arnold Sommerfeld. Lehrer und Forcher an der Schwelle zum Atom Zeitalter*, Wissenschaftliche Verlag Gesellschaft (1975).

s'en souvient, c'était le dernier assistant de Minkowski et c'est lui qui (avec le soutien amical de Sommerfeld) a complété et publié ses tout derniers articles. Et tout comme son charismatique mentor, il pense que les nombres et leurs relations sont le langage de la réalité. Tout simplement.

Rien d'étonnant alors si en 1935, il donne à l'Association scientifique indienne une conférence intitulée « Le mystérieux nombre 137 ». Il y insiste sur le fait que ce nombre est en relation profonde – les formules sont là pour en témoigner – avec les plus importants paramètres de notre réalité physique, en particulier la vitesse de la lumière, la charge de l'électron, la constante de Planck (au cœur de l'infiniment petit) et même ce nombre non physique, sommet de l'étrange, qu'est le nombre π ! Comment est-ce possible ?

Après de nombreuses discussions avec Sommerfeld et une bonne rasade de calculs, la conclusion de Max Born tombe, profondément troublante : « Si la constante de structure fine avait une valeur légèrement plus élevée que celle qu'elle a, nous ne serions plus en mesure de distinguer la matière du néant, et notre tâche pour démêler les lois de la nature serait désespérément compliquée. La valeur de cette constante n'est certainement pas due au hasard mais découle d'une loi de la nature. Il est clair que l'explication de ce nombre devrait être le problème central de la philosophie naturelle[1] ».

Le mot est donc lâché : la valeur de cette constante n'est « sûrement pas » due au hasard ! Logiquement, Born enfonce d'ailleurs le clou : selon lui, ce nombre

1. Arthur I. Miller, *Deciphering the Cosmic Number : The Strange Friendship of Wolfgang Pauli and Carl Jung*, W.W. Norton & Co, NY (2009).

peut être « associé à une puissance de sélection et d'organisation[1] » dans l'Univers.

Peut-être bien. Mais alors, qui – ou quoi – a « calculé » et fixé cette constante ? Par quel miracle a-t-elle *juste* la valeur qu'elle doit avoir ?

Un autre grand maître de la physique théorique, Richard Feynman, prix Nobel lui aussi, est tombé en arrêt devant ce nombre énigmatique. Au passage, impossible de soupçonner Feynman de s'adonner à des spéculations oiseuses ou à des dérives mystiques. C'est même tout le contraire.

Enfant tardif, il est incapable d'articuler un seul mot à trois ans. Mais il s'est vite rattrapé, devenant un as de l'électronique à neuf ans. Bientôt, tout son quartier lui donne des radios ou des téléviseurs à réparer. Puis l'ascension continue. Adolescent, il se découvre une passion dévorante pour le calcul et en dernière année de collège, face à ses professeurs médusés, il triomphe au championnat de mathématiques de l'université de New York. Ses examinateurs sont sous le choc lorsqu'ils découvrent le gouffre qui sépare le gagnant de ses poursuivants. On murmure en coulisse que ses origines juives lui ont barré tout net les portes de l'université Columbia. Qu'importe ! En 1939, c'est l'entrée – là encore en fanfare – au MIT. Pendant la guerre, le voilà enrôlé (alors qu'il n'a même pas encore soutenu sa thèse) dans le projet Manhattan pour participer à l'élaboration de la bombe atomique. Tous les jours au réfectoire, il s'attable aux côtés de Niels Bohr (le fondateur de la théorie quantique), Oppenheimer (celui qui, le premier, a prévu par le calcul l'existence des trous noirs), ou encore Hans Bethe qui, justement, a passé sa thèse sous la direction de Sommerfeld. D'ailleurs,

1. Idem.

le jeune Feynman va souvent rendre visite à Bethe dans sa chambre, uniquement pour parler avec lui de Sommerfeld, qu'il admire par-dessus tout. Et il ne manque pas de lui poser mille questions sans réponses à propos de la fameuse constante découverte par son héros. Souvent aussi, pour égayer la lourde atmosphère de Los Alamos, il s'ingénie à faire des farces de toutes sortes à ses collègues, Bohr y compris ! Détail révélateur de son caractère inclassable : le jour redoutable où a été testée la toute première bombe atomique américaine, sourd aux ordres d'Oppenheimer, il refuse tout net de se terrer au fond d'un bunker avec ses collègues. À la place, il s'assied tranquillement derrière le pare-brise d'un camion. Juché sur ce dérisoire poste d'observation, il va suivre *sans lunettes* toutes les étapes de la démentielle explosion ! Pour ne rien perdre, a-t-il précisé, des réactions en chaîne se succédant à une vitesse démentielle dans la fournaise nucléaire.

Enfin c'est la consécration pour Feynman, d'abord avec les cours qui en font une vedette mondiale puis avec le prix Nobel, sommet atteint en 1965. En 1999, au terme d'une vaste consultation organisée par le journal *Physics World* et portant sur cent trente savants de stature internationale, il a été élu l'un des dix plus grands physiciens de tous les temps. Féru de chiffres et de grilles de décodage, il s'est taillé une belle réputation en forçant – juste pour le plaisir – la combinaison secrète de coffre-forts, ou encore en déchiffrant – cette fois par défi – des manuscrits inconnus. Mais il ne plaisante plus lorsqu'il est en face de ces grandes constantes, ces nombres purs enfouis dans les profondeurs de l'Univers. Et celui qui le fascine le plus – et de loin – est le fameux nombre de Sommerfeld.

« C'est une énigme depuis qu'il a été découvert, il y a plus de cinquante ans et tout bon physicien théoricien devrait écrire ce nombre sur un mur et y réfléchir. On a immédiatement envie de savoir d'où vient ce nombre : est il relié à π ou peut-être à la base des logarithmes naturels ? Personne ne le sait. C'est l'un des plus grands mystères de la physique. Un nombre magique donné à l'homme sans qu'il y comprenne quoi que ce soit. On pourrait dire que "la main de Dieu" a tracé ce nombre et que l'on ignore ce qui a fait courir Sa plume. On connaît le rituel expérimental auquel il faut procéder pour le mesurer, mais on ne sait pas quel programme il faut mettre dans un ordinateur pour en faire sortir ce nombre[1] ».

Feynman n'y va pas par quatre chemins et compte tenu de son immense stature, pas une voix n'a osé s'élever ici ou là (pas même derrière son dos) lorsqu'il a eu l'audace de parler ouvertement de « la main de Dieu ». La formule explosive a traversé la communauté scientifique mondiale tel un raz de marée, emportant au passage nombre de positions mal défendues. À vrai dire, plus on étudie ce nombre, plus éclate son étrangeté. En voici un exemple troublant. Si l'on divise notre constante de structure fine par la constante « réglant » la gravitation, il en résulte un nouveau nombre pur. Celui-ci s'écrit 10 puissance 36, autrement dit 1 000 000 000 000 000 000 000 000 000 000 000 000. À partir de là, Feynman fait remarquer que si l'on enlève *un seul* zéro à ce nombre, tout change ! En effet, l'expansion de l'Univers se trouve brutalement ralentie et l'Univers ne peut pas grandir ! Résultat : la vie ne peut même pas apparaître (sans parler

1. Richard P. Feynman, in *QED…*, *op. cit.*

d'évoluer). À l'inverse, si l'on ajoute ne serait-ce qu'un unique zéro au bout de cette longue chaîne, tout va trop vite dans l'Univers qui s'emballe : les étoiles et les planètes ne peuvent pas se former. De quoi s'arracher les cheveux ! lançait alors Feynman en partant d'un grand rire.

*

Pourquoi 1 divisé par 137 et pas par 136 ou 138 ? Par quel « miracle » avons-nous la valeur 1 sur 137 ? Face à cette énigme, Sommerfeld ne se sent pas démuni, au contraire. La réponse, il va la chercher dans ses souvenirs de Göttingen ! Car les innombrables discussions qu'il a eues avec l'élite de l'époque, Hilbert, Klein, Minkowski et les autres ont forgé en lui une certitude inébranlable, qu'il va transmettre à ses nombreux élèves, Heisenberg en tête : sa constante puise l'équilibre de ses chiffres dans la fameuse « harmonie préétablie » posée comme fondement par Hilbert en 1900 et par Minkowski en 1908. Signe intéressant : à partir de 1919 (un an après avoir découvert sa constante), il commence à parler non plus d'« harmonie numérique », comme il en avait l'habitude, mais ouvertement de « mystère des nombres ». Sûr de lui, dans une conférence retentissante donnée en 1930, il se réfère sans complexe à Platon, pour qui « Dieu est géomètre », soulignant pour faire bonne mesure que « la nature est bien meilleure mathématicienne que nous[1]. » L'un de ses plus fameux élèves, le prix Nobel Werner Heisenberg, reprend la vision du maître lorsqu'il affirme : « Si nous suivons la ligne de pensée de Pythagore, nous pouvons espérer que

1. S.S. Schweber, *Weimar Physics. Sommerfeld's Seminar and the Causality Principle*, Birkhauser Verlag, Bâle (2002).

la loi fondamentale du mouvement se révèlera être une loi mathématiquement simple[1]. »

Reste une dernière question : d'où vient ce nombre pur ? Quelle est son origine ? Une fois de plus, un fragment du voile va être soulevé – et à nouveau de manière très surprenante – dans le chapitre qui suit.

1. W. Heisenberg, *Physics and Philosophy*, Harper O. Brothers Publ. (1958).

13

Le théorème de Buckingham

Nous sommes le 23 mars 1922, à Boulder, dans les magnifiques vallées du Colorado.

Il est déjà quinze heures passées de dix minutes et les visiteurs d'Edgar Buckingham, ingénieur-chercheur au National Bureau of Standards, sont en retard. Pour tuer le temps, Buckingham a allumé son poste de radio, l'un des tout premiers du quartier. Une musique grinçante, qui couvre à moitié la voix du chanteur, tente de se frayer un chemin crachotant entre les rayons de la bibliothèque. Comme il fait beau ce jour-là, Edgar a ouvert grand les fenêtres et un petit vent, allégé par des odeurs du printemps, traverse la pièce, soulevant au passage les feuilles posées sur le bureau en bois.

L'ingénieur pose sa large main à plat sur les papiers. Pas question que les premières pages de son article s'envolent ! Les militaires qu'il attend en ont tous les trois demandé une copie. Entrepris sur requête du Service aéronautique de l'Armée puis soumis au Comité national pour l'aéronautique, le rapport de Buckingham porte le numéro 159 du Bureau. Et il a fait du bruit. On raconte dans les couloirs qu'il est même remonté jusqu'au haut commandement de l'Armée de l'air, à Washington. Son titre ? Il est furieusement prophétique : « Propulsion à réaction pour avions » !

D'une main distraite, Buckingham tourne les pages. Dès le début, on peut lire cette phrase stupéfiante de modernité : « La réaction résulte d'un flot continu de produits de combustion éjectés par une tuyère, de sorte que l'avion se comporte comme une fusée avec des ailes[1] ».

Un avion à réaction ! C'est l'une des premières fois au monde qu'un article mentionne cette nouvelle technologie. À l'époque, tout ça n'est encore qu'un rêve lointain, auquel presque personne ne croit. Mais l'article de Buckingham est là, détaillé, extrêmement minutieux. Et ouvre en grand les portes de l'avenir.

Mais ce matin-là, le plus important est ailleurs. Dans quelque chose que personne, sauf Buckingham, ne pouvait voir. Comment expliquer qu'un avion puisse voler par la force de la réaction ? Simple : en découvrant les bonnes équations du vol. C'est bien sûr ce qu'a fait notre chercheur. Il n'est pas spécialement expert en aérodynamique, mais il connaît bien les mathématiques. Et elles lui ont donné la solution. Revenons à ce que nous disions plus haut. Il existe, dans ces équations, au cœur de ces calculs de la mécanique du vol à réaction, quelque chose que seul Buckingham est capable de voir. Quelque chose qui, comme Hilbert, comme Minkowski ou Sommerfeld, va le mettre en contact avec ce qu'il y a de plus profond dans la nature. Et le placer face à un mystère dont il s'est approché plus que quiconque huit ans auparavant. De quoi s'agit-il ?

Pour le savoir, il nous faut remonter à l'année 1914.

*

1. E. Buckingham, *Propulsion à réaction pour avions,* Rapport n° 159, B.S. (23 mars 1922).

Cette année-là, les lecteurs de la célèbre revue *Physical Review* découvrent un texte qui les laisse bouche bée. Car ce qui est énoncé et décrit avec minutie dans les colonnes de cet article semble impossible. Impensable. Et pourtant, le résultat semble prouvé : il s'appuie sur un théorème mathématique rigoureux. Lequel ?

Le théorème de Buckingham[1] !

Lorsqu'en 1920, Einstein lance que pour lui, l'important c'est de découvrir la pensée de Dieu, il a ce théorème en tête. Il est tombé dessus vers 1916, au moment où il achevait la monumentale construction de la relativité générale. Et ce qu'il y a découvert, entre stupéfaction et émerveillement, lui a donné l'audace de vouloir comprendre la pensée de Dieu, objectif ultime de sa vie.

Mais qui est donc Edgar Buckingham ?

Un physicien mathématicien totalement inclassable. L'une des rares photos qui existent de lui nous montre le visage énigmatique, un peu figé, d'un jeune d'une quinzaine d'années. C'est à peu près tout. Il est né à Philadelphie au printemps 1867 et passe sa crise d'adolescence plongé dans d'interminables calculs, au désespoir de sa mère qui le verrait bien faire un peu plus de sport avec ses copains. L'un de ses passe-temps favoris consiste à partir à la chasse du nombre π qui se cache – souvent très bien – dans les profondeurs de certaines formules de la physique. Déjà en soi, il est assez surprenant qu'on puisse retrouver π dans des équations physiques – des lois – où, a priori, on pourrait penser qu'il n'a aucun rôle à jouer. Ce qui fascine le jeune Buckingham, c'est par exemple de retrouver π dans les équations d'une

1. E. Buckingham, « On physically similar systems. Illustrations of the use of dimensional equations », *Physical Review* 4, pp. 345-376 (1914).

bille oscillant au bout d'une ficelle, mais aussi dans l'écoulement de fluides, comme l'huile, ou – encore plus inattendu – dans les équations qui nous permettent de comprendre comment se propage un signal. En un mot, rien ne le rend plus heureux que lorsqu'il parvient, après des heures de calcul, à débusquer π dans la forêt au fond de laquelle il lui arrive de se cacher ! Autour de lui, on remarque vite que le jeune Edgar présente des dons étonnants non seulement pour les mathématiques mais aussi pour la physique. C'est d'ailleurs cette discipline qu'il choisit d'étudier, d'abord à Harvard (dont il est rapidement diplômé avec éclat) puis dans la vénérable université de Leipzig. Lorsqu'il s'y inscrit à la fin des années 1880, Leipzig (qui possède l'une des plus anciennes bibliothèques d'Europe) garde le souvenir encore frais du récent passage de Klein. Avant d'arriver à Göttingen, celui-ci y a fait ses premières armes de professeur pendant six ans, de 1880 à 1886. Il y a laissé des cours légendaires, qu'on se repasse d'une année sur l'autre, parfois avec nostalgie. Et vers 1890, Buckingham, à son tour, va tomber sur les passionnants écrits de Klein. Il y puise des trésors qui vont lui permettre de développer une aptitude inhabituelle à tisser des liens (et même jeter des ponts) entre le monde mathématique et le monde physique. Une fois son doctorat en poche en 1893, il retourne aux États-Unis et entame une fertile carrière de physicien où ses talents multiples (dans le domaine du son, de l'écoulement des liquides, de la radiation des corps noirs, etc.) font merveille. Mais c'est en 1914 qu'il va découvrir une clef. Elle est unique. Et elle va nous ouvrir une porte totalement insoupçonnée.

*

En découvrant le théorème que Buckingham a démontré dans son article de 1914, on ne peut que rester sans voix. Car pour la première fois, tous les phénomènes de la physique, toutes les lois de la nature pourraient être exprimés de manière purement numérique, à travers des nombres purs, sans qu'il soit nécessaire de se reporter à des unités de mesure.

Comment est-ce possible ?

Lorsque vous regardez dans un livre une formule de physique – par exemple la célèbre équation d'Einstein – celle-ci s'exprime grâce à des grandeurs qui ont ce qu'on appelle des dimensions. Prenons la vitesse de la lumière : elle s'exprime grâce à cette unité qu'est le mètre par seconde. Autrement dit, la constante de la vitesse de la lumière (le fameux 300 000 kilomètres à la seconde) a beau être une constante, elle ne correspond pas à un nombre pur. Plus précisément, à la différence de la constante de structure fine (qui n'est qu'un nombre, indépendant de tout choix d'unité), la vitesse de la lumière est une constante *dimensionnelle*. Mais est-il possible d'atteindre, plus en profondeur, une lecture fondamentale, qui permette d'exprimer les choses sous la forme de nombres purs ? C'est la question que s'est posée Edgar Buckingham en 1914. Et la réponse qu'il apporte dans son article avec son fameux théorème est spectaculaire.

Que nous dit donc le théorème de Buckingham ?

En gros ceci : toute loi physique peut être exprimée sous la forme de relations entre des variables non dimensionnelles. Autrement dit, les lois physiques reposent sur des nombres ! Ils ne sont pas immédiatement visibles, mais grâce au théorème de Buckingham, il devient possible de les dévoiler. Ce jour lointain de mars 1922, en attendant les militaires qui doivent lui rendre visite pour discuter des mérites des avions à réaction, Buckingham ne songe pas vraiment aux lois aérodynamiques sur lesquelles repose le vol de son engin. Plus en profondeur, il voit se déployer les constantes fondamentales sur lesquelles reposent ces lois.

Les conséquences de tout ceci sont extrêmes. Car d'une manière encore plus générale que tout ce qui a été dit jusqu'ici, Buckingham a montré que le langage même de la nature est fait de nombres purs !

Mais les choses n'en restent pas là. L'étape suivante va être franchie deux ans après la publication de l'article de Buckingham. Par quelqu'un de totalement inconnu. Vous ne l'avez jamais rencontré, mais c'est sans aucun doute l'homme le plus inclassable, le plus mystérieux qui ait jamais existé en science. Et vous aurez parfois du mal à croire à ce que vous allez découvrir.

14

Ramanujan : le calculateur de Dieu

La connaissance de l'ordre invisible – de l'harmonie préétablie ardemment recherchée à Göttingen – va maintenant emprunter le plus surprenant des chemins. Ce que vous allez découvrir dans les lignes qui suivent va peut-être vous laisser incrédule. Pourtant, le héros de cette aventure, entré dans la légende en 1920, est de ceux qui, en peu d'années, ont fait le plus pour déchiffrer, au cœur des nombres, le mystère profond sur lequel repose notre Univers.

*

Ce matin du 6 décembre 1917, une neige silencieuse est tombée sur Londres. L'air glacé semble avoir retracé en noir et blanc les rues sur lesquelles les passants circulent à pas glissants. Deux d'entre eux, un peu désarçonnés par ce gel mordant, viennent d'arriver dans la cour d'honneur de la Société mathématique de Londres. Encore quelques pas dans le grand escalier, et les voilà dans la salle des Actes de la vénérable société savante. Les deux hommes qui viennent d'entrer sont Godfrey Harold Hardy, l'un des plus brillants spécialistes anglais de la théorie des nombres et un inconnu à la peau basanée, visiblement mal à l'aise dans ce décor. Les mathématiciens qui lui font face sont perplexes.

— Comment s'appelle cet étranger aux côtés de Hardy ? s'inquiète un vieil homme dans sa barbe.

— Ramanujan, murmure son voisin par dessus son épaule.

Ramanujan. Un nom que vous n'êtes pas près d'oublier. Mais pourquoi est-il là ? Que vient-il faire dans cette assemblée académique totalement inaccessible au commun des mortels ? Pour le savoir, il va nous falloir remonter une trentaine d'années en arrière, dans un village perdu au fin fond des Indes.

*

Tout commence en 1887 dans la petite ville d'Erode, au sud de l'Inde. Les ruelles grouillent de monde et dans l'une d'elles est né un bébé répondant au nom imprononçable de *Srinivasa*, dans une famille pauvre de la caste des Brahman. Le père est comptable chez un drapier. Quelque temps après la naissance, la famille agrandie s'installe à Kumbakonan, autre ville du sud où il fait chaud l'été. Très tôt, l'enfant aux boucles noires découvre qu'il doit passer par les chapardages pour manger à sa faim. À cinq ans, vient le premier déménagement dans une petite ville près de Madras. Puis plusieurs autres, la famille ne cessant de zigzaguer entre des lieux plus ou moins hospitaliers. D'un îlot de misère à un autre, Srinivasa ne met pratiquement jamais les pieds à l'école. Puis c'est le retour à Kumbakounam, la ville de sa prime enfance, en 1896 où il entre enfin à l'école primaire. C'est d'ailleurs à ce moment- là qu'il prend l'habitude de noter ses réflexions sur un carnet dont il ne se séparera plus jamais. Bizarrement, il sait déjà beaucoup de choses. Où les a-t-il apprises ? Mystère. Toujours est-il qu'en novembre 1897 (il n'a pas encore dix ans) ses notes d'examen de fin de primaire le propulsent à la première place de tout le district, à la stupéfaction de ses parents. Fort de ce résultat inattendu, il entre donc au collège où, pour la première fois, il va découvrir les mathématiques. À partir de là commence une ascension foudroyante, qui laisse sans voix tous les observateurs.

À onze ans, il tombe sur les livres de classe de deux de ses camarades plus âgés. Trois mois plus tard, après les avoir dévorés, il les connaît par cœur et a déjà le niveau correspondant à la classe de troisième. À douze ans, il se lance dans l'étude d'un ouvrage complexe portant sur la trigonométrie avancée. L'année suivante, non seulement il le maîtrise parfaitement mais il y a relevé certaines erreurs et propose à son tour des théorèmes sophistiqués dont il est l'auteur. Entre autres, il présente une méthode (facile et efficace) pour résoudre les équations du troisième et même du quatrième degré. À quatorze ans, il croule déjà sous les certificats de mérite et les prix académiques.

Mais voilà qu'un beau jour, l'un de ses camarades lui donne « pour quelque temps » un livre de mathématiques prêté par une bibliothèque publique. Or, dès les premières pages, Ramanujan en tombe de sa chaise : l'ouvrage contient cinq mille théorèmes ! Avec cinq mille démonstrations rigoureuses ! Un vrai choc. Dès le premier soir, oubliant de dormir, le jeune homme se jette dedans comme dans un fleuve. Deux jours plus tard, il s'est déjà lancé à l'assaut des cinq mille théorèmes, ligne par ligne, tel un montagnard qui, à mains nues, se mettrait en tête d'escalader cinq mille pics ! Un prodige hors de portée ? Par pour Ramanujan ! Six mois plus tard, il est venu à bout du fameux ouvrage, dont il connaît par cœur chaque page. Désormais il est prêt à donner lui-même de sa personne. Et ne reculera devant rien.

Son premier défi personnel pour ses dix-sept ans ? S'attaquer aux terribles « nombres de Bernoulli » (les mêmes que ceux abordés par Friedmann quelques années plus tard). Et il réussit. Profitant de son élan, il calcule alors la constante d'Euler jusqu'à la quinzième décimale, ce qui ne s'est encore jamais vu. Son entourage – en particulier les mathématiciens – se contente de l'admirer avec respect, sans pour autant le comprendre. Cette même année, c'est la fin de ses études secondaires. Il reçoit des mains du proviseur le grand prix de mathématiques. Ne tarissant pas d'éloges, les responsables du lycée le présentent comme un étudiant exceptionnel, qui mérite des notes au-delà du meilleur score possible.

Mais à partir de là, l'on assiste à un retournement très surprenant. Ramanujan est admis avec une bourse au prestigieux Collège gouvernemental des arts, qui a rang de grande école d'enseignement supérieur. Mais tout se détraque. Dans cette école, il n'y a pas que les mathématiques. Et notre étudiant, obligé de se plonger dans des matières qui lui sont étrangères, finit par déserter les cours et, finalement, l'école elle-même. On le retrouve errant sur les routes, sans aucun diplôme, sans le sou, au bord de la famine. Désormais, sa seule richesse sont les rares livres de mathématiques qu'il a pu arracher au naufrage et dans lesquels il puise un peu de réconfort.

On retrouve sa trace le 14 juillet 1909, lors d'un événement plutôt insolite. Ce jour-là, à vingt-deux ans, il épouse une petite fille âgée de neuf ans. Mais déjà, sa santé chancelle. Il devra subir une intervention chirurgicale délicate, effectuée gratuitement par un médecin apitoyé par son état. Après une nouvelle rechute en 1910, il quitte Kumbakonam pour Villupuram, une ville côtière sous contrôle français. Là, il rencontre des membres fondateurs de la Société indienne de mathématiques qui sont abasourdis par ses capacités. Car en quelques jours, Ramanujan apporte des solutions à des problèmes qu'aucun mathématicien de la Société n'avait été capable de résoudre depuis des années. Les portes du journal de la Société indienne lui sont ouvertes et il publie cette année-là un article d'un niveau stupéfiant sur ces nombres de Bernoulli qu'il connaît de mieux en mieux. À l'université de Madras, on commence à le remarquer. Toutefois, sans diplôme, il ne peut prétendre à aucun poste de professeur. Seule possibilité : un poste d'aide-comptable à Madras, avec un salaire des plus bas. La misère rôde donc toujours à sa porte. Jusqu'en 1913, il survit à coups d'expédient, acceptant au jour le jour, en plus de la comptabilité, des petits emplois d'appoint plus ou moins stables. La famine n'est pas très loin.

Mais à nouveau, tout va basculer le 16 janvier 1913. Faible, très amaigri, Ramanujan décide alors de faire un geste désespéré, un peu comme on jette une bouteille à la mer. Il expédie à Londres une lettre (assortie de développements mathématiques) à un certain Godfrey Hardy, mathématicien « British » d'un flair exceptionnel. Elégant – chaque jour il arbore un nouveau costume au pli impeccable –, c'est l'un des barons les plus influents de Cambridge. Au moment où il la découvre, il s'en faut de peu qu'il jette la lettre de Ramanujan au panier (c'est son habitude face aux écrits de demi-fous). Pourtant, quelque chose le retient. Et ce qu'il découvre sur neuf pages de calculs serrés le laisse sans voix. Dans un premier temps, il en est presque certain, l'auteur inconnu a tout copié à partir d'un article existant. En particulier, la démonstration de certains théorèmes est si stupéfiante, si nouvelle, qu'il a du mal à y croire. À la troisième page, face aux théorèmes de Ramanujan, il tombe à la renverse : « Ils m'ont totalement démonté. Je n'ai jamais rien vu de tel jusqu'ici[1] ! » avoue-t-il en se frottant les yeux. Des théorèmes tellement originaux, à ce point différents de tout ce qui existe, que Hardy croit désormais dur comme fer qu'ils sont justes ! L'un des collègues de Hardy, John Littlewood, confirme avec fracas l'avis de Hardy, avouant avoir été « époustouflé[2] » par le génie du mathématicien inconnu.

C'est est assez ! Le 8 février 1913, Hardy répond à Ramanujan et lui propose de venir à Cambridge. Coup de théâtre, celui-ci refuse tout net. Hardy revient à la charge et finalement, le 17 mars 1914, ce mathématicien décidément pas comme les autres embarque au port de Madras pour l'Angleterre. Avec pour tout bagage quelques vêtements roulés en boule dans son vieux sac en toile. Un mois plus tard, le voilà à Cambridge. Hardy va enfin pouvoir étudier en détail les fameux « carnets de notes » de son étrange visiteur. Et ce qu'il y découvre lui donne le vertige. Il y a dans ces pages manuscrites des centaines de théorèmes nouveaux ! De véritables joyaux, étincelants d'intelligence, qui mettent presque tous en jeu des mathématiques totalement nouvelles. Quelques-uns sont déjà démontrés par d'autres – quoique moins élégamment – mais la plupart sont totalement inconnus ! L'impression produite sur Hardy et ses collègues est immense. Du jour au lendemain, le petit Hindou timide devient pour eux – et ils l'écrivent – l'égal de ces géants que sont Euler, Gauss et Jacobi. Comme l'indique le mathématicien Paul Erdös (qui a découvert le fameux nombre qui porte son nom) si on devait

1. Robert Kanigel, *The man Who Knew Infinity : A Life of the Genius Ramanujan*, Charles Scribners's Sons, New York (1991).
2. Idem.

l'évaluer sur une échelle de 0 à 100, « Hardy aurait un score de 25, John Littlewood 30, David Hilbert 80 et Ramanujan 100 ».

C'est dire où se situe son génie.

Début juin 1914, Hardy fait un coup de maître. Ramanujan n'a aucun diplôme ? Il hausse les épaules. Il n'en a pas besoin : c'est un pur génie et il faut l'inscrire. Comme on pouvait s'y attendre, le sang des conservateurs de Cambridge ne fait qu'un tour : hors de question d'inscrire dans la première université du monde quelqu'un qui a le niveau d'un aide-comptable ! Mais c'est mal connaître Hardy et son influence. Ses deux parents appartiennent à la haute bourgeoisie et sont tous les deux responsables dans l'enseignement supérieur. Maniant avec habileté la carotte et le bâton, il finit par avoir raison de ceux qu'il appelle « les vieux barbons » et au début de l'été 1914 (juste avant le début de la grande guerre) Ramanujan est inscrit sur la liste des étudiants de l'université de Cambridge.

C'est son premier tour de force.

Au fil des mois, Ramanujan s'efforce de s'intégrer tant bien que mal à la vie de Cambridge. Une tâche pas si simple. Introverti à l'extrême, il a souvent du mal à exprimer ce qu'il ressent. Et lorsque les mots lui manquent, il se mure dans un silence infranchissable qui peut durer plusieurs jours. Sans compter que dans l'ambiance très aristocratique de Cambridge, ses origines indiennes ne sont pas vraiment un avantage. Côté caractère, on ne peut pas trouver plus mal assortis que lui et Hardy. Souvent débraillé, Ramanujan parle avec un accent à couper au couteau, refuse de manger de la viande, croit dur comme fer en Dieu et se livre parfois au petit déjeuner à l'interprétation des rêves tout en plongeant directement la cuillère qu'il a léchée dans le pot de confiture.

À l'autre bout, Hardy, lui, est un pur produit de la haute éducation anglaise. Toujours tiré à quatre épingles, choisissant avec soin l'assortiment entre ses pochettes et son parfum, c'est un athée notoire, qui ne croit qu'aux vertus de la raison et de la rigueur intellectuelle. Ce qui le hérisse le plus, là où les bras lui en tombent, c'est lorsque Ramanujan lui soutient sans sourciller que ses théorèmes et ses équations lui sont dictées la nuit par Dieu. Qu'il se contente de recopier les solutions qu'« Il » lui donne ! Mais que faire face à cette sincérité désarmante ?

De mois en mois, celui qu'on commence à surnommer gentiment « Rama » suscite de plus en plus la sympathie. Il s'est installé à cinq minutes de la chambre de Hardy, ce qui lui permet d'être toujours disponible lorsqu'on a besoin de lui. Faut-il du renfort pour corriger dans l'urgence des copies ? Rama est là et rend un travail irréprochable en un temps record. Hardy n'a pas le temps d'aller dans la grande bibliothèque chercher un livre indispensable ? Pas de problème ! Rama prendra le temps qu'il faudra pour ramener le précieux ouvrage. Plus prosaïquement, si Littlewood, Hardy ou d'autres professeurs ont un service à lui demander – chercher du bois, amener une chemise à la teinturerie – il s'exécute sans jamais rechigner, toujours prêt à faire plaisir. Fasciné par ce personnage unique en son genre, irréversiblement séduit par sa gentillesse presque irréelle, Hardy va s'efforcer de l'éduquer le mieux possible. Et les résultats sont là. Peu à peu, il apprend à s'habiller à l'anglaise, à se tenir à table et même à conduire des voitures. À ce train, l'extraordinaire va finir par se produire et celui qui fait à l'occasion des remplacements de magasinier ou de comptable, va devenir progressivement l'élève de Hardy. Bousculant toutes les règles, malgré l'opposition outrée de plusieurs gardiens du temple dont les cheveux se dressent sur la tête, le voilà un beau matin inscrit en doctorat à l'université de Cambridge.

C'est son deuxième tour de force. Le triomphe n'est plus très loin.

En deux trimestres, il traverse comme la foudre les dix ans de programme qui le séparaient du doctorat. Hardy est éberlué. Il a désormais devant lui le plus grand expert de la théorie des nombres qu'il ait jamais rencontré. Sans doute le meilleur au monde. Et c'est le couronnement. Le matin du 16 mars 1916, un soleil radieux brille derrière les immenses fenêtres de Cambridge. Fièrement drapé dans sa toge noire et devant l'élite des professeurs de l'université et de toute l'Angleterre qui l'écoutent dans un silence solennel, l'ancien aide-comptable soutient sa thèse de doctorat en mathématiques sous la direction de Hardy. Celle-ci porte sur les « nombres hautement composites » et sera publiée dans le très sélectif *Journal de la Société Mathématique de Londres*. Une distinction rarement accordée. A-t-il atteint le sommet ? Pas encore ! Le 6 décembre 1917, le voilà élu à la Société mathématique de Londres. Lui, simple aide-comptable sans le moindre diplôme quatre ans plus tôt. Mais sa marche vers les sommets ne s'arrête pas là. Le 18 février 1918, il est élu membre de l'inaccessible Société philosophique de Cambridge. Enfin, c'est le sommet : le 2 mai 1918, Rama devient « fellow » de la London Society. Son président, sir Arthur Eddington, lui ouvre grand les bras. Le voilà membre de la première assemblée scientifique du monde, qui ne réunit que ceux qui, d'une manière ou d'une autre, ont un pied dans l'histoire. Un triomphe, encore rehaussé par une nouvelle élection, au légendaire Trinity College de Cambridge. Un lieu mythique, où il est le seul Indien à avoir été admis.

Hélas, le pauvre Rama n'en a pas fini avec son destin si différent des autres. Il lui reste bien peu de temps. Désormais, pour penser, pour *vivre*, il a besoin de calme et de soleil. Il n'a ni l'un ni l'autre. Miné par un climat qui ne lui convient pas, épuisé par les visites, il finit par tomber malade. Très affaibli, il rentre au pays en 1919, recueilli par sa mère et sa toute jeune femme qu'il a à peine connue. Là, il se remet au travail et rédige son dernier « carnet ». Longtemps perdu, celui-ci réapparaît en 1976. On peut y trouver six cents nouvelles entrées et des théorèmes inouïs jetant les bases de ce qu'on appelle aujourd'hui les « fonctions thêta ».

Un soir, le 26 avril 1920, il serre une dernière fois contre lui les deux femmes de sa vie puis il s'éteint. Il avait trente-deux ans.

*

« Le travail de Ramanujan sera admiré tant que les hommes feront des mathématiques[1] ! » Celui qui a lancé cette formule en 1987 (pour le centenaire de la naissance du prodige) est le grand astrophysicien Chandrasekhar, prix Nobel de physique. Déjà en 1941, le mathématicien Éric Neville (qui l'a rencontré à Cambridge) déclarait : « Ramanujan était un mathématicien tellement immense que son nom fait taire les jalousies[2]. » Plus tard, le fameux maître du calcul des probabilités, l'Américain Marc Kac (célèbre pour ses travaux avec le Nobel Richard Feynman et la formule de Feynman-Kac) a tenté de percer le mystère de Ramanujan, en vain : « Un génie

---

1. K. Srinivasa Rao, « Relevance of Srinivasa Ramanujan at the dawn of the new millenium », Institut des sciences mathématiques Chennai, 600 113. Consultable sur http://www.imsc.res.in/~rao/sr_aka.pdf
2. Idem.

ordinaire est quelqu'un que vous et moi pourrions égaler, si ce n'est dépasser. Il n'y a aucun mystère dans la manière dont marche son cerveau. Une fois compris ce qu'il a fait, on est certain qu'on aurait pu en faire autant. Mais c'est tout autre chose avec les magiciens. Le fonctionnement de leur esprit est totalement incompréhensible. Même une fois qu'on a saisi ce qu'ils ont accompli, la manière dont ils l'ont fait reste complètement obscure[1] ».

Événement remarquable, trois revues de mathématiques de haut niveau ont été créées et sont devenues aujourd'hui des organes de référence. La première, lancée en 1975, a pour titre *Le Journal de Hardy-Ramanujan*. La seconde, créée en 1985, est le *Journal de la Société mathématique de Ramanujan*. Quant à la troisième, elle s'intitule sobrement *Journal de Ramanujan*. Un fait unique dans les annales de l'édition scientifique. À quoi s'ajoutent, bien entendu, le Ramanujan Museum, créé à Royapuram en 1993 et le Ramanujan Institute à Madras.

Les énigmatiques carnets de Rama (aujourd'hui soigneusement entreposés à l'université de Madras) contiennent 3 254 chapitres, la plupart assortis de théorèmes ou de propositions ébouriffantes, comme venus d'une autre planète. Le professeur Bruce Berndt les a intégralement édités entre 1985 et 1997 et observe humblement : « Malgré quelques erreurs dispersées ici et là, l'exactitude des résultats de Ramanujan est époustouflante... Le mystère continue de planer sur son travail[2] ».

Mystère ! le mot n'est pas trop fort.

Aujourd'hui encore, des centaines de formules, plus étranges les unes que les autres, dorment dans ses carnets et ne sont toujours pas élucidées. Quant

1. Idem.
2. Idem.

à celles qu'on comprend, les mathématiciens les plus chevronnés affirment que ces calculs sont inhabituellement riches et contiennent bien plus de choses que ce que l'on croit y déceler au premier coup d'œil. D'où lui venait sa faculté surhumaine de « voir » d'un seul coup les centaines de relations mises en jeu entre les nombres et les symboles pour un seul théorème ? On raconte – l'anecdote est vraie – qu'un jour, Hardy est arrivé en taxi chez Ramanujan. Le numéro de la voiture était 1 729. « Rien de bien intéressant », laissa tomber Hardy. « Au contraire ! » répondit Rama du tac au tac. « 1729 est très intéressant ! C'est le plus petit nombre naturel représentable de deux manières différentes comme la somme de deux cubes ! »

Une fois de plus Hardy en est resté sans voix.

On lui a bien sûr demandé à maintes reprises comment Ramanujan parvenait à ses invraisemblables résultats. La réponse de Hardy était toujours la même : « Il y arrivait via un processus qui mélangeait le raisonnement, l'intuition et l'induction, processus dont il ne pouvait jamais donner le moindre compte rendu cohérent[1] ». Toujours est-il qu'il vivait du matin au soir avec les nombres. Et surtout la nuit, puisqu'il en rêvait, comme l'ont rapporté ses biographes. Plus précisément, les nombres étaient pour lui des mots. Mais comme on le verra plus bas, les phrases formées ne pouvaient avoir de sens que si elles exprimaient, selon son expression, la *pensée de Dieu*.

Le plus étrange, selon ceux qui l'ont vu à l'œuvre au tableau noir ou ailleurs, c'était sa manière fulgurante de « sentir » et de calculer instantanément, souvent de tête, les effroyables séries infinies. Comme le note Littlewood, il avait une vision immédiate, proprement surhumaine, de ce qui échappe le

1. http://www.usna.edu/Users/math/meh/ramanujan.html

plus à notre entendement : l'infini. C'est sans doute l'une des clefs du mystère : Ramanujan parvenait sans mal à évoluer dans les très grands nombres, sans jamais perdre de vue les relations existant entre eux. Personne ne peut expliquer comment Ramanujan a pu découvrir, en si peu de temps, dix-sept représentations de π sous forme de séries infinies.

L'exemple de π mérite que l'on s'y arrête un instant. Sa fameuse formule, la plus stupéfiante jamais découverte à propos du nombre fétiche de Lindemann, commence sagement par l'inverse de π égale... Puis commence à droite une hallucinante série infinie, avec racine de 2 divisée par 9 801 suivie de la somme de zéro à l'infini d'un rapport où l'on trouve, entre autres, au numérateur le nombre 26 390 et au dénominateur 396 élevé à la puissance 4k. Une formule qui dépasse l'entendement. C'est en tout cas celle qui converge le plus rapidement vers un résultat approché. Elle est bien sûr couramment utilisée pour calculer le nombre π à l'aide d'ordinateurs. Encore aujourd'hui, malgré tous les progrès et le concours des ordinateurs, les mathématiciens ne sont encore jamais parvenus à construire (pour π ou d'autres domaines) des formules aussi profondes et complètes que celles de Ramanujan.

*

Encore une fois : comment a-t-il pu construire des formules à ce point mystérieuses ? D'où viennent-elles ?

Peut-être convient-il de laisser la réponse à Ramanujan, qui déclarait invariablement à ses interlocuteurs, d'une voix tranquille et dans un sourire désarmant : « Une équation pour moi n'a aucun sens, à moins qu'elle exprime la pensée de Dieu[1]. »

1. G. Chaitin, « Less Proof, more Truth », art. cit.

Une pensée dont les mots, selon lui, sont donc les nombres. Ou plus en profondeur, les étranges relations qu'ils entretiennent entre eux. Est-il le seul à voir les choses ainsi ? En mai 1918, le président de la Royal Society, sir Eddington, est particulièrement impressionné par Ramanujan, comme il l'avoue à Hardy. Ce qui le fait réfléchir, dit-il, ce sont ces nombres que ce génie venu des Indes « voit » dans l'Univers.

Très loin de là, en Suisse, un mathématicien a entendu parler de Ramanujan. Qui est-il ? L'élève le plus important – son préféré – de David Hilbert. Il a lu les articles de Ramanujan sur les étranges relations qui existent entre les nombres. Et il pense aussi aux relations qui pourraient exister – mais qu'on ne voit pas – entre ces même nombres et la nature. Aiguillonné par la recherche de ce lien invisible, il va se mettre au travail. Avec lui, nous allons franchir un nouveau pas vers l'harmonie préétablie de Hilbert. Et une nouvelle chose très inhabituelle nous attend sur le chemin.

15

Les grands nombres

Le coup de tonnerre va avoir lieu sans prévenir en 1919.

Cette année-là, un mathématicien dans la force de l'âge – il vient d'avoir trente-quatre ans – découvre quelque chose qui le rend perplexe. Il s'appelle Hermann Weyl. Peut-être n'avez-vous jamais entendu parler de lui. Pourtant, disciple de Hilbert (parfois présenté comme « son fils préféré »), compagnon de pensée d'Einstein durant toute sa vie, ami intime de Schrödinger, ce raffiné « fellow » de la Royal Society (il parle un excellent anglais), compte parmi les mathématiciens les plus influents du XXe siècle.

*

Weyl est né en 1885, dans un de ces gros villages de campagne qui entourent Hambourg. Son père, Ludwig, s'est forgé à la force du poignet une réputation de banquier avisé et fait partie des notables du pays. Le fils, protégé par sa mère Anna, porte avec plaisir le surnom qu'elle lui donné (Peter, comme l'appellent désormais tous ses copains). Très tôt, Hermann (ou Peter, selon) intrigue puis étonne tous ceux qui l'approchent à l'école. Car il n'a pas son pareil pour résoudre les problèmes les plus compliqués, qu'il s'agisse de calculs ou, tout simplement, de devinettes posées dans la cour de récréation. À mesure qu'il grandit, son talent hors normes pour les mathématiques grandit avec lui.

En 1905 commence pour lui la vraie vie : l'université. Après un passage à Munich, il fait son entrée dans le saint des saints : Göttingen. Sa joie est telle qu'il en perd le sommeil pendant la première semaine. Mais les choses sérieuses commencent très vite. Dès le premier cours, le voilà subjugué par Hilbert. Une admiration sans borne : « J'avais décidé d'étudier tout ce que cet homme avait écrit. À la fin de ma première année, je suis revenu à la maison avec son "Rapport sur les nombres" et j'ai travaillé dessus pendant toutes mes vacances d'été, sans rien connaître au préalable de la théorie des nombres ou de celle de Galois. Ces quelques mois ont été les plus heureux de ma vie, et leur rayonnement, à travers les années obscurcies par le doute et les échecs, conforte encore aujourd'hui mon âme[1] ». Des mots qui en disent long sur le puissant ascendant que Hilbert, devenu son directeur de thèse, a exercé sur son étudiant. Ce dernier soutient en 1908 une thèse remarquée sur les « équations intégrales » puis, dans le sillage, devient professeur assistant, poste qu'il occupe jusqu'en 1913.

Durant ces années de miel, il rencontre les plus grands : Felix Klein bien sûr, mais aussi Husserl, qui détient alors la chaire de philosophie. Pouvant compter sur l'appui inconditionnel de Hilbert – plus grand que jamais depuis le retentissant Congrès de 1900 – il se forge la réputation d'un mathématicien hors pair, s'attaquant – pour les résoudre – à toute une série de problèmes à l'époque mal posés ou sans solution visible. C'est lui qui, le premier, a clarifié

1. http://www-history.mcs.st-and.ac.uk/Biographies/Weyl.html

certains travaux du mythique Riemann, dans une publication datée de 1913, surprenante de profondeur et de maturité. Ce texte seuil a été republié en 1997 et à chaque ligne, on est émerveillé par sa portée.

En 1913, le voilà face à un dilemme. Rester à Göttingen (un royaume convoité dans le monde entier) ou bien accepter la chaire de mathématiques qui lui est offerte au célèbre ETH de Zurich (Institut fédéral de technologie). Le choix est dur. S'éloigner de Hilbert et de Klein, ne plus pouvoir se promener chaque soir avec eux dans le parc lui paraît presque insupportable. Il est sur le point de renoncer. Mais les sirènes de Zurich triomphent de sa résistance. Dans un moment de faiblesse, comme il le confie bien plus tard à Einstein, il finit par accepter. La mort dans l'âme, par une sombre journée de pluie, il fait ses bagages et quitte Göttingen. Il n'y reviendra pas avant 1930.

*

À son arrivée dans l'austère ETH, Weyl se sent déprimé. Et ce n'est pas le joli décor des montagnes qui lui fera pardonner la grisaille des murs récemment cimentés qui bloquent le regard. Weyl crispe les poings. Comment oublier ces moments bénis à discuter sans fin face à une tasse de thé et à des gâteaux aux pommes ? Pourtant, il faut tourner la page. S'accommoder tant bien que mal de l'ambiance qui règne dans cet institut. Premier remède : aller au-devant de ses collègues. La bonne – et même très bonne – surprise, c'est la rencontre avec Einstein, lui aussi enseignant là-bas, après avoir passé seize mois à la vieille université de Prague. Mais il n'est pas facile à voir. À la moindre heure de libre, il s'enferme à double tour dans son bureau et se plonge dans des équations plus compliquées les unes que les autres. C'est qu'il vient de se lancer à la conquête d'un sommet apparemment imprenable : la relativité générale.

Weyl est au courant des grandes lignes. L'année de la mort de Poincaré, Hilbert est devenu sans discussion le plus grand mathématicien vivant. Du coup, mieux armé que personne – surtout qu'Einstein – c'est à lui, Hilbert, de venir à bout de la relativité. De toute façon, répète-t-il en haussant les épaules, la physique « est devenue beaucoup trop compliquée pour les physiciens ! ». Ignorant que sa théorie est dans la ligne de mire du prince de Göttingen, Einstein est émerveillé en découvrant tout ce que sait Weyl. Bientôt, les deux collègues se retrouvent avec plaisir *Chez Hansi* (l'une des bonnes pâtisseries de Zurich) pour y déguster des tartes aux myrtilles autour d'un thé spécial, « venu de Ceylan », ajoute Einstein avec un petit sourire malicieux. Honneur suprême, qui montre à quel point il l'apprécie, Einstein invite de temps en temps son nouvel ami dans sa chambre pour lui jouer du violon (ce qui ne l'empêche pas de le bombarder de questions de mathématiques auquel Weyl répond toujours du tac au tac).

Sur ce, la guerre éclate. En mai 1915, Weyl est enrôlé sous les drapeaux allemands. Il n'a pas vraiment eu le temps de réaliser ce qui lui arrive. À présent, le voilà engoncé dans un uniforme rugueux dont il ne sait que faire. Lui, le mathématicien si raffiné, il est maintenant obligé de ramper dans la boue, sous les aboiements furieux d'un adjudant à la mâchoire interminable. Son casque à pointe lui est insupportable. Philosophiquement mais aussi *physiquement*. Il a été durement puni pour avoir osé l'enlever quelques minutes pour s'essuyer le front après un exercice épuisant. Tout cela lui fait horreur.

Heureusement, sur demande pressante du gouvernement suisse, il échappe aux tranchées et aux gaz de combat. En 1916, il retrouve sa chaire et les tartes de Hansi avec soulagement. Mais hélas, sans Einstein qui, depuis 1914, a fait ses bagages pour Berlin. Qu'à cela ne tienne ! Son cours de 1917 sera entièrement consacré au grand absent et à sa théorie, encore mal cuite à l'époque. Puis, c'est le premier acte de bravoure – et de gloire.

En 1918 (comme pour célébrer la fin de cette guerre qu'il trouve *impardonnable*) il publie à partir de ses cours de l'année précédente un ouvrage monumental, qui d'un seul coup, devient la référence mondiale – il l'est encore aujourd'hui – pour apprendre la relativité : *Temps Espace Matière*. Voilà de quoi assurer sa réputation. Et lui permettre de passer à l'étape suivante. Une publication qu'il prépare depuis longtemps et qui, il en est sûr, va faire du bruit.

*

Et quel bruit !

Lorsque les lecteurs du numéro 59 des *Annales de physique* découvrent en 1919 l'article de Weyl, ils manquent d'en tomber à la renverse. Au lieu des développements bien solides auxquels le mathématicien les a habitués, voilà qu'ils découvrent d'étranges spéculations autour d'un nombre pur. Beaucoup ne comprennent pas où Weyl veut en venir. D'autres s'insurgent et, au comble de l'agitation, protestent furieusement auprès de la revue. Mais pour quelques-uns, c'est un choc qui vaut que nous nous y arrêtions.

Qu'a donc découvert Weyl dans son article ?

Tout simplement une relation bizarre entre des grandeurs, qui donne lieu à un nombre pur absolument gigantesque. Un nombre plus grand que tout ce qu'il a rencontré jusque-là dans ses calculs. Ce nombre plus que surprenant n'est autre que le rapport entre la force électromagnétique (qu'il connaît bien pour en avoir discuté des dizaines de fois avec celui qui a découvert sa valeur en 1916, Arnold Sommerfeld) et la force de gravitation. Et ses calculs donnent 10 puissance 39. Mais pourquoi ce nombre vertigineusement grand ? Dans l'article, il soutient que lorsque des nombres purs, comme π, interviennent dans la description de phénomènes physiques, on peut s'attendre à ce qu'ils apparaissent tout au plus au carré ou au cube. Mais pas à la puissance 39 ! Pourquoi pas 10 puissance 61 ? Ou encore 10 puissance – 125 ? Qu'est-ce qui a donc « sélectionné » 10 puissance 39 ?

Weyl est sérieusement ébranlé par cette découverte. Il ne comprend pas pourquoi la nature a creusé ce gouffre invraisemblable entre ces deux forces qui, toutes les deux, agissent jusqu'au bout de l'Univers. Car ce qu'il observe à travers ce nombre pur, c'est que la force de gravitation est tout simplement mille milliards de milliards de milliards de milliards de fois plus petite que la force électromagnétique ! Une différence démentielle, que rien ne peut expliquer – et qui, aujourd'hui encore, reste l'une des grandes énigmes de la physique.

Malgré tout, tâchons de progresser un peu. Et posons-nous une question que Weyl à l'époque n'a pas abordée (ni après, d'ailleurs). Que se passerait-il si ce rapport était différent de ce qu'il est, même de très peu ? Les calculs ont été faits et refaits maintes fois. Et le résultat est toujours le même. Si le grand nombre de Weyl était non plus de 10 puissance 39 mais, par exemple, de 10 puissance 38, cela signifierait que la constante réglant la gravitation serait très légèrement plus élevée. Autrement dit, la force de gravitation ne serait plus « que » cent milliards de milliards de milliards de milliards de fois plus petite que la force électromagnétique. Or, pour cet insignifiant zéro en moins, tout serait bouleversé, à tel point que l'Univers serait méconnaissable – et furieusement hostile à la vie. Pourquoi ? Parce que l'expansion serait freinée et que le cosmos ne pourrait pas « grandir ». Dans un tel Univers, les étoiles auraient une durée de vie bien plus petite que chez nous – quelques centaines d'années – et aucune créature ne pourrait évoluer sur les hypothétiques planètes qui auraient réussi à se former. Au contraire, si la constante de gravitation était plus faible, et que donc le rapport découvert par Weyl passait à 10 puissance 41, alors dès les premiers instants après le Big Bang, l'expansion serait bien plus rapide et la matière naissante se disperserait trop vite pour permettre la formation des étoiles. Cette fois, les immenses étendues de l'Univers resteraient désespérément vides, aucune vie ne pourrait bien entendu émerger. Le « bon Univers » (le nôtre) dépend donc du « bon nombre » (ici, celui découvert par Weyl. Toutefois il y en a d'autres, que nous rencontrerons plus loin). Mais encore une fois, d'où vient ce mystérieux 10 puissance 39 ?

Très troublé, Weyl commence à sentir que la réponse aux questions qu'il soulève n'existe pas dans le présent. Qu'elle a quelque chose à voir avec l'origine de tout ce qui existe autour de lui. Qu'il faudra aller la chercher loin, très loin dans le passé. C'est d'ailleurs ce qu'il écrit, au mot près, dans son fameux ouvrage *Temps, Espace, Matière* : « Tous les commencements sont obscurs. Dans la mesure où le mathématicien opère avec ses conceptions selon une ligne stricte et formelle, il doit parfois se voir rappeler que l'origine des choses repose dans des profondeurs plus grandes que celles auxquelles ses méthodes lui permettent d'accéder[1]. »

1. Hermann Weyl, *Space-Time-Matter*, Dover, New York (1952).

L'origine des choses. Mais jusqu'où remonter dans le passé ? Tout cela veut-il dire que l'Univers pourrait avoir un début ? Qu'il n'est pas éternel comme le croit fermement Einstein ? Pour la première fois, la question commence à germer dans l'esprit d'un scientifique. Pour revenir à Einstein, celui-ci laisse éclater sa joie. Grâce à sir Eddington et à ses observations de l'éclipse de 1919 (qui a montré que la lumière était *courbée* par le soleil) la relativité générale vient désormais d'être prouvée expérimentalement. Einstein a donc raison, se dit Weyl. Mais jusqu'où ? Il sait que depuis 1917, le père de la relativité (après avoir lu le visionnaire Riemann dans le détail) représente l'Univers comme une sphère à trois dimensions (et non pas à deux, comme un immense ballon). Soit. Mais cette sphère est fixe. Or, il a beau le retourner dans tous les sens, son fameux grand nombre jette pour la première fois une ombre sur ce scénario que, pourtant, il acceptait si bien jusqu'ici. Après tout, pourquoi l'Univers serait-il figé ? Pourquoi n'aurait-il pas connu un commencement, que seules les mathématiques pourraient appréhender ?

De plus en plus tracassé, Weyl décide alors de se rendre à Göttingen en novembre pour y rencontrer Hilbert. Lui seul pourrait l'aider à y voir plus clair. Le jour de son arrivée, l'un des élèves de Göttingen, qui vient de soutenir sa thèse, selon une ancienne tradition, traverse la ville juché sur une brouette décorée de mille fleurs. Très entouré, une jeune femme à chaque bras (il les appelait « ses anges »), Hilbert est du cortège, repérable entre tous à son inséparable chapeau clair à larges bords. Tout sourire comme toujours, celui-ci invite son visiteur dans un charmant café, face à l'ancienne mairie. Aussitôt, Weyl se sent réconforté, autant par le thé bien chaud que par les paroles constructives de son ancien professeur. Celui-ci va lui dire deux choses qu'il n'oubliera jamais. La première, ce qui explique le plus clairement ce nombre énigmatique de 10 puissance 39, c'est la fameuse harmonie pré-établie à l'origine du monde. Une réponse qui ne tombe pas dans l'oreille d'un sourd puisqu'à partir de 1920, Weyl (bon élève), lorsqu'on l'interroge (parfois avec ironie) sur la raison d'être de son fameux nombre, répond que celui-ci est la manifestation d'une harmonie préétablie entre les mathématiques pures et la nature. Plus tard, dans son fameux ouvrage *Symmetry* (la symétrie dans la nature, sujet dont il a longuement discuté avec Einstein à Princeton vers la fin des années 1940) Weyl enfonce le clou et écrit sans sourciller : « Il existe, au sein même de la nature, une harmonie cachée, qui se reflète dans notre esprit sous la forme de lois mathématiques simples[1] ». On ne peut être plus clair. À partir de 1919, conforté par son mentor, Weyl choisit de rester sourd aux attaques de tous bords l'accusant de verser dans la numérologie. Au contraire, c'est avec un aplomb grandissant qu'il indique la direction à suivre pour trouver « la pensée de Dieu » désignée par Einstein. Une direction qui, inéluctablement, nous ramène aux mathématiques : « Aussitôt que nous parvenons à découvrir les lois naturelles qui gouvernent la réalité, nous réalisons qu'il est possible de les exprimer par des relations mathématiques d'une surprenante simplicité et d'une architecture parfaite[2] ». Et très en verve, il ajoute : « Il me semble que l'un des principaux objectif de l'éducation

1. Hermann Weyl, *Symmetry*, Princeton University Press, Mass. (1952).
2. Idem.

mathématique est de développer la faculté de percevoir cette simplicité et cette harmonie[1]. » Autrement dit, la trace de quelque chose comme une pensée.

La seconde idée de Hilbert, peut-être encore plus importante ce jour-là, c'est qu'aucune réalité physique – l'Univers pas plus qu'autre chose – ne peut être considérée comme éternelle. Grâce aux questions pressantes de Weyl, Hilbert formalisera d'ailleurs cette même idée quelques années plus tard, le 4 juin 1925, lors d'un congrès organisé à Munster par la Société mathématique de Westphalie : « Notre principal résultat est que l'infini n'existe nulle part dans la réalité. Il n'existe ni dans la nature ni comme base de la pensée rationnelle[2] ». À commencer par le temps qui, dans l'esprit de Hilbert, ne peut être infini, ni vers le passé ni vers l'avenir. Rappelons-nous que nous sommes quatre ans avant la découverte magistrale de Hubble concernant l'expansion de l'Univers. Pourtant, avec ces accents prophétiques qui n'appartiennent qu'à lui, Hilbert s'enhardit et va lancer à Weyl ce jour-là ce qu'il redira en termes rigoureux dès 1925 : « Les investigations mathématiques fournissent le modèle naturel d'un Univers fini[3] ». Sous-entendu, dans l'espace et dans le temps ! L'affirmation, passée trop souvent inaperçue, montre à quel point Hilbert (comme Friedmann) s'approche, précisément grâce aux mathématiques, d'une réalité – celle du Big Bang – qu'Einstein n'a jamais entrevu et qui ne s'imposera vraiment que quarante ans plus tard.

---

1. Idem.
2. David Hilbert, « On The Infinite », in *Mathematische Annalen* (Berlin) vol. 95 (1926).
3. Idem.

En attendant, voici qu'un autre grand savant – cette fois il est astronome –, à son tour, s'apprête à lire la trace d'un ordre surprenant – une pensée ? – dans les nouveaux grands nombres qu'il vient de découvrir.

16

Le nombre d'Eddington

Nous sommes le 29 mai 1919, sur l'île de Principe, au large de l'Afrique. C'est le matin et les arbres sont rafraîchis par les lames d'air frais venues de l'océan.

Sur une colline, un homme s'affaire près d'un observatoire de fortune. Il est anglais et s'appelle Arthur Eddington. Il a fait cette longue traversée pour assister à un événement capital : l'éclipse de Soleil de 1919. À cet endroit, elle sera totale. Et il deviendra alors possible pour Eddington de prouver une bonne fois pour toutes si, oui ou non, la relativité d'Einstein est juste.

Autour de lui, les indigènes qui l'ont aidé à porter son lourd matériel photographique deviennent nerveux. En chœur, ils commencent à lever leurs doigts vers le ciel. Le moment tant attendu n'est plus loin. Eddington se prépare. Il sait qu'il faudra faire vite. En effet, une minute plus tard, l'éclipse commence. Appareil photo en main, l'astronome se met en place. Et quelques instants après, commence l'irréel assombrissement du paysage. L'ombre semble soudain monter du sol en même temps qu'elle tombe de toutes les régions du ciel. Un coup d'œil vers le disque noir : c'est le moment. Eddington prend des clichés par dizaines. Par centaines. Et c'est le succès.

*

Que voit-on sur ces fameuses photos ? Un phénomène prédit par la relativité : la lumière émise par les étoiles autour du Soleil est légèrement courbée par la masse de l'astre. Les clichés ne sont pas très nets, mais c'est suffisant pour observer la déviation des rayons lumineux. Einstein avait donc raison !

Presque immédiatement, l'époustouflante nouvelle fait le tour du monde. Dans les journaux du monde entier, on découvre le visage de sir Eddington avec, bien sûr, les précieuses photos de l'éclipse. Du jour au lendemain, il devient une vedette mondiale. Celui qui a arraché au ciel la preuve que la relativité est vraie !

De retour en Angleterre, il savoure cette notoriété nouvelle qui va lui faciliter la tâche. Pour faire quoi ? Pour vérifier quelque chose qui n'a qu'un rapport lointain avec la relativité. Quelque chose qui, pourtant, va occuper une place grandissante dans sa vie. Et qui va déclencher des orages encore non éteints aujourd'hui.

*

Pour Arthur Eddington, dès sa naissance trois jours après Noël en 1882 (l'année où Lindemann prouve que π est transcendant) les choses commencent mal. L'argent manque cruellement dans la famille. Puis – il n'a que deux ans – son père meurt, emporté en quelques jours par la typhoïde. La mère doit faire face. Comme on est sans le sou, Arthur n'ira pas à l'école : c'est elle qui, au début, va l'éduquer. Et au passage le renommer « Stanley ».

Les choses sérieuses débutent en 1893, à son entrée dans le secondaire. Pour la première fois, ses talents en mathématiques deviennent visibles. Résultat : le voilà en fin d'études à quinze ans ! Trop tôt selon les règlements anglais pour entrer à l'université. Alors on passe en force à Manchester. Le train est d'enfer mais les résultats sont au rendez-vous. En 1902, nouveau tour de force avec l'entrée à Trinity, l'élite des collèges de Cambridge. Enfin, en 1905, la voie est trouvée : Eddington obtient le poste convoité d'assistant en chef à l'Observatoire royal de Greenwich. Le mois suivant, on quitte Cambridge pour Greenwich. Puis, en décembre 1912, coup de théâtre : sir George Darwin (fils du grand Charles Darwin, à qui il ressemble comme deux gouttes d'eau) meurt subitement. Les choses ne traînent pas : dès janvier 1913, Eddington se voit offrir la chaire de « professeur plumien d'astronomie et de philosophie expérimentale ». À la fin de l'année, nouveau coup du sort : le professeur Robert Ball meurt à son tour. Qui va le remplacer ? Eddington, bien sûr. Le voilà directeur de tout l'Observatoire de Cambridge. Une aubaine ! Et comme il n'y a aucune raison de s'arrêter en si bon chemin, dès mai 1914 (à tout juste trente et un ans) il est élu « fellow » de la Royal Society. Pour remporter quatre ans plus tard la plus haute distinction de la maison : la médaille Royale. Dans son élan, il en prend la tête en 1919 (ce qui l'amène à rencontrer Ramanujan, rencontre dont on verra plus loin les conséquences sur les idées du grand astronome).

Cette belle marche en avant a pourtant bien failli tourner à la catastrophe. En 1918, il est appelé sous les drapeaux. Mais, élevé dans la grande tradition des Quakers, il refuse avec la dernière énergie de revêtir l'uniforme. La guerre fait encore rage en France et il ne se voit pas un seul instant croupir au fond d'une tranchée. L'atmosphère se tend. Bientôt, voilà Eddington menacé de prison. C'est de justesse qu'il y échappe, sur intervention pressante de l'astronome royal Frank Dyson et de plusieurs autres grandes figures de la science anglaise.

Le voilà prêt pour entamer son vrai combat. Celui qui va le mobiliser jusqu'à la fin de sa vie et qui, à son tour, va l'amener aux frontières de ce qu'il appelle le Logos – façon plus scientifique de désigner la « pensée de Dieu » d'Einstein.

*

Tout commence en 1920 avec deux événements fondateurs. Le premier, c'est donc la rencontre avec Ramanujan, deux ans plus tôt, lorsque celui-ci est élu « fellow » à la Royal Society. Eddington ne se remettra jamais complètement de cette rencontre magistrale. Comment oublier cet être si différent de tous ? Comment ne pas garder pour toujours en mémoire les réponses stupéfiantes qu'il lui a faites, sans notes, sans même prendre le temps de réfléchir, aux questions de hautes mathématiques qu'il lui a soumises ? Reste le plus important, cette phrase que le mathématicien indien lui a dite avec le plus grand détachement : « Une équation pour moi n'a de sens que si elle exprime la pensée de Dieu[1] » ! Eddington ne cessera jamais d'y penser. Mais comment apporter une réponse à la phrase de Ramanujan ? Comment la comprendre ? La solution lui est soudain fournie sans crier gare par un article qu'il reçoit un beau matin de l'automne 1919. Il est signé Hermann Weyl, quelqu'un qu'il admire tout particulièrement depuis la publication de son fameux ouvrage sur l'Univers *Temps, Espace, Matière*. Il commence par froncer les sourcils, signe que ce qu'il découvre dans l'article l'intéresse au plus haut point. Une heure plus tard, il fait les cent pas dans son bureau : les idées de Weyl l'ont littéra-

1. K. Srinivasa Rao, art. cit.

lement torpillé ! Comment n'y a-t-il pas pensé avant ? Il est « plus que clair », se dit-il, que notre Univers doit reposer sur certaines constantes fondamentales. Des « grands nombres ». Pas seulement celui découvert par Weyl. Il doit nécessairement y en avoir d'autres. Mais lesquels ? Sans plus attendre, l'impétueux astronome retrousse ses manches et se met au travail.

Son premier pas sera compté. Puisque Weyl a fait un livre – très réussi – sur l'espace-temps et qu'il connaît bien le sujet (lui qui a « prouvé » la relativité), à son tour d'en faire autant. Aussitôt dit, aussitôt fait. En 1920, il publie « son » ouvrage sur l'espace-temps (sous un titre qui évoque ouvertement l'ouvrage à succès de Weyl) : *Espace, Temps et Gravitation*. Eddington est un excellent vulgarisateur. Le texte, particulièrement clair, rencontre donc immédiatement un large succès auprès d'un public non scientifique. Une très bonne mise en jambes pour s'attaquer à la question des grands nombres. L'affaire est délicate et met en jeu des choses absolument fondamentales. Eddington va donc prendre son temps. Tout part de la fascination qu'il éprouve – après d'innombrables mathématiciens – pour les constantes fondamentales de la nature. Il les étudie. Isole en particulier la fameuse constante de structure fine découverte par Sommerfeld. Et finit par découvrir, à son tour, après Hermann Weyl, des relations très étonnantes entre des nombres enfouis dans l'Univers.

*

Ces relations inédites, Eddington les révèle au monde à partir de 1931, dans un texte qui, presque tout de suite, déclenche un raz de marée[1]. Là encore,

1. A. Eddington, *Proceedings of the Cambridge Philosophical Society*, 27 (1931).

comme dix ans auparavant avec Hermann Weyl, les réactions sont parfois vives. Mais rien ne fait fléchir l'astrophysicien.

Le premier nombre pur qu'il extrait de ses calculs – celui qui, au fond, lui paraît le moins « explicable » –, c'est le rapport qui existe entre la masse du proton (la principale particule composant le noyau de l'atome) et celle de l'électron (la minuscule « bille » qui tourne autour à une vitesse folle). Ce rapport conduit au nombre 1 840. Ce qui veut dire que le proton est « exactement » 1 840 fois plus lourd que l'électron. Un nombre depuis vérifié mille fois. Mais pourquoi ce nombre ? Pourquoi 1 840 et pas 1 800 ou encore 2 320 ?

Son deuxième résultat touche à un nombre auquel il attache son nom. De quoi s'agit-il ? Tout simplement du nombre d'atomes dans l'Univers entier. Selon l'évaluation proposée par un mathématicien proche d'Eddington, le nombre de grains de sable de toutes les plages et déserts du monde devrait avoisiner les 10 puissance 25 grains en tout et pour tout. Et pour l'Univers entier, combien de particules ? Il résulte du rapport entre la masse de l'Univers observable et celle du proton. On peut l'estimer à environ 10 puissance 80. Ce chiffre doit naturellement être considéré comme une simple approximation. Il est cependant très largement accepté aujourd'hui, au terme de différentes évaluations indépendantes les unes des autres. Il s'agit du plus grand nombre existant susceptible d'avoir un sens physique.

Et là encore se repose la question : pourquoi un tel nombre ? Pourquoi 10 puissance 80 et pas 10 puissance 500 ?

À ces deux « constantes ultimes », comme il les appelle, il ajoute bien sûr le nombre découvert par Weyl, c'est-à-dire le rapport entre la force gravitationnelle et la force électromagnétique, qui est, une fois de plus, 10 puissance 39. Une « coïncidence » entre constantes qui lui paraît très étrange et qu'il n'est pas prêt d'accepter comme étant liée au hasard :

« Est-ce que ces constantes sont irréductibles ou bien est-ce qu'une future unification de la physique va montrer qu'on peut se passer de certaines d'entre elles ? Pourraient-elles être différentes de ce qu'elles sont ? La question est de savoir si elles sont arbitraires ou inévitables. Dans le premier cas, nous ne pourrions les trouver qu'en les mesurant ; dans le second cas, il serait possible de les découvrir grâce à la théorie. Je pense que désormais, l'opinion largement dominante est que ces constantes ne sont pas arbitraires[1] ».

Mais ce qui est particulièrement intéressant chez Eddington, c'est moins sa démarche en termes de grands nombres que sa façon bien à lui de concevoir la réalité matérielle. Là commence en fait la véritable révolution. Car Eddington se pose cette question à partir de 1925 : de quoi donc est faite la réalité qui nous entoure ? De quoi est faite la chaise sur laquelle vous êtes assis et le livre que vous tenez entre les mains ? Eddington a beau « compter » le nombre d'atomes dans l'Univers, pour lui, ceux-ci ne constituent nullement le « fond rocheux » de tout ce qui existe.

En effet, comme nous l'avons vu à propos du mathématicien anglais William Clifford, Eddington pense que la « substance » fondamentale de notre réalité, son fond ultime, ce n'est pas la matière mais autre chose, de totalement immatériel. Cette « chose », il l'appelle, selon un vocabulaire directement inspiré

---

1. A. Eddington, *New Pathways in Science,* Cambridge University Press, Cambridge (1935).

par Clifford, une « étoffe mentale ». Autrement dit, quelque chose qui s'apparente à de « l'information ». Dans son livre *Nature du monde physique*, publié en 1928 en Angleterre, il n'hésite pas un instant à affirmer :

« L'Univers a pour nature la pensée, celle d'un esprit Universel. Pour dire les choses crûment – la substance du monde est la substance mentale[1]. »

À quoi il ajoute : « Il est difficile, pour le physicien qui s'en tient aux faits, d'accepter que le substrat de toute chose est de nature mentale. Mais personne ne peut nier que l'esprit est la première chose – et la plus directe – dont nous faisons l'expérience[2]. »

Cette idée, pour le moins hardie – qui a d'ailleurs valu à Eddington certaines critiques plus ou moins feutrées – va être reprise (de manière magistrale) par un autre enfant de Göttingen : le physicien Enrico Fermi, couronné – comme beaucoup de ceux passés entre les murs de Göttingen – par le prix Nobel de physique.

---

1. A. Eddington, *The Nature of the Physical World*, Cambridge University Press, Camdridge (1928).
2. Idem.

17

Vers la force faible

La quête de plus en plus précise des clefs qui pourraient expliquer l'ordre profond qui règne dans l'Univers physique n'a pas toujours été le fruit d'une recherche volontaire : la science avance souvent sur des chemins qu'elle n'avait pas prévu d'explorer. C'est exactement l'un de ces chemins imprévus que va prendre Enrico Fermi, considéré aujourd'hui comme l'un des physiciens les plus importants du XXe siècle.

Fermi est né à Rome le 29 septembre 1901. À l'époque, personne n'aurait pu imaginer à quel point ses découvertes allaient bouleverser les conceptions de l'atome et les connaissances de l'infiniment petit. Curieusement, Fermi ne s'est intéressé à la physique qu'après la disparition soudaine de son frère Giulio, mort des suites d'une simple opération des amygdales. Littéralement dévasté par ce terrible accident, le petit Enrico, à peine âgé de quatorze ans, va alors tenter d'échapper à la dure réalité en s'isolant dans le monde abstrait de la lecture. Par le plus grand des hasards, il va découvrir dans la bibliothèque de la maison deux ouvrages de physique datant de 1840 qui décrivaient fidèlement l'état des connaissances à cette époque. Il sera immédiatement fasciné. Jour après jour, semaine après semaine, il va alors lire et relire ces deux traités, les disséquer en tous sens, apprendre par cœur les formules qu'ils contiennent, corrigeant même les quelques erreurs mathématiques qu'il avait pu déceler.

Mais une autre lecture va définitivement orienter sa vie future. Un beau soir de novembre 1916, il tombe sur un article qui décrit dans le détail la découverte fondamentale d'un physicien allemand dont nous avons déjà beaucoup parlé : Arnold Sommerfeld. Le reportage annonçait que le savant avait résolu le mystère de la force électromagnétique qui assure la cohésion des atomes et des molécules : cette force est une constante universelle décrite par un *nombre pur*.

Cette fois, le jeune Fermi referme le journal et prend une décision irrévocable : il annonce alors à ses parents qu'il veut devenir physicien. À dix-sept ans, ses connaissances scientifiques sont déjà tellement avancées que ses professeurs vont l'autoriser à sauter deux classes pour entamer directement des études supérieures.

C'est à cette époque qu'il se lie d'amitié avec Enrico Persico, lui aussi passionné de sciences et futur professeur de physique théorique. Persico raconte qu'ils avaient pris l'habitude de faire de longues promenades au cours desquelles les deux jeunes gens traversaient Rome de part en part, émerveillés par les vestiges de la ville antique et les ruines laissées, à ciel ouvert, par une civilisation disparue. Un soir, alors qu'ils discutaient près du Colisée, Fermi va surprendre son ami par l'originalité de ses idées sur le monde de l'atome. Griffonnant à la hâte des calculs sur son cahier d'écolier, le jeune Fermi s'est lancé avec une extrême facilité dans un calcul qui, pour la toute première fois, laissait entrevoir la différence entre particules véhiculant les forces et particules de matière (que bien plus tard on appellera « fermions » à partir de son nom).

*

Ses progrès sont tellement fulgurants qu'à l'âge de vingt et un ans, après avoir publié plusieurs articles scientifiques, le voilà prêt à défendre à l'École normale supérieure de Pise sa thèse de doctorat intitulée « Un théorème sur les probabilités et certaines de ses applications ». Nous sommes le 7 juillet 1922. Devant les onze examinateurs vêtus de longues toges noires, Fermi se lance avec assurance dans la défense de sa thèse. À mesure qu'il approfondit sa démonstration, une partie de l'auditoire a du mal à suivre les raisonnements de ce jeune thésard dont les connaissances se situent déjà clairement au-delà des celles de ses professeurs. Or après trois heures de débats, alors que Fermi est élevé au grade de docteur en physique, très étrangement, aucun des examinateurs ne viendra lui serrer la main ni le féliciter pour la présentation de sa thèse. Et sanction encore plus rare : contrairement aux usages, l'Ecole normale supérieure de Pise ne lui donnera jamais l'autorisation de publier sa thèse qui ne sera rendue publique qu'en 1962, presque dix ans après sa mort.

Passablement affecté par ce camouflet, Fermi songe alors à quitter Pise. Pendant l'été 1922, il dépose une demande de bourse de recherche post-doctorale qui lui sera accordée au mois d'octobre : cette décision va changer son destin. Dès le mois de décembre, il part pour le temple des mathématiques et de la physique dont nous avons déjà longuement parlé : l'université de Göttingen. Là, il rencontre les esprits les plus brillants de son temps, en particulier Werner Heisenberg, Pascual Jordan ou encore son professeur Max Born avec lequel il aura de longues discussions sur les lois physiques et la nature mathématique de la réalité profonde. Cette pierre, cette table ou ces arbres seraient-ils faits de *nombres*, comme semblent le penser la plupart des physiciens de Göttingen ? Fallait-il les suivre sur ces chemins mathématiques quant ils affirmaient que *tout*, dans l'Univers, devait se réduire à des quantités numériques ? Peut-être. Mais même si ces spéculations le laissaient passablement perplexe, elles avaient eu le mérite d'exciter fortement ses pensées et d'y faire naître de nouvelles questions.

C'est donc à cette époque que l'idée d'une force mystérieuse et sous-jacente au phénomène alors mal connu de la radioactivité commence à se faire jour dans son esprit. Comment se faisait-il, comme l'avaient montré Becquerel ou Marie et Pierre Curie dès la fin du siècle précédent, que certains éléments de matière soient instables et se transforment en autre chose ? Dès l'âge de quinze ans, Fermi avait été fasciné par les expériences de Becquerel sur le rayonnement émis par les sels fluorescents d'uranium. En 1896, le savant français avait eu l'idée d'isoler un échantillon de sels d'uranium et de disposer une plaque photographique au-dessus de cet étrange matériau : quelle ne fut pas sa surprise de constater, le lendemain matin, que la plaque photographique présentait des traces nettement visibles, signe que la plaque avait été impressionnée sans jamais avoir été exposée à la lumière. La conclusion était inévitable : l'uranium était la source du rayonnement invisible qui avait été « photographié » sur la plaque pendant la nuit.

Peu à peu, Fermi en vient donc à s'intéresser aux deux forces fondamentales qui étaient connues à l'époque et qui permettaient de rendre compte des principales interactions observées dans la nature : la force de gravitation d'un côté (celle qui faisait tomber les pommes à terre) et la force électromagnétique de l'autre (celle qui permettait de voir les objets ou d'expliquer les phénomènes électriques ou le comportement des aimants). On savait que ces deux forces se faisaient sentir à très grande distance : s'agissant de la force électromagnétique, on voyait la lumière d'objets aussi éloignés que les étoiles tandis que la gravitation permettait d'expliquer l'orbite décrite par la Terre autour d'un astre comme le Soleil pourtant éloigné de quelque cent cinquante millions de kilomètres.

Or on savait aussi que ces forces étaient décrites par des constantes, c'est-à-dire par des nombres : Sommerfeld avait prévu que sa constante devait être décrite par un nombre pur : pouvait-on y voir la réalité ultime « en dessous » de laquelle il n'y avait plus rien ? Le « tissu » du réel était-il fait de constantes et de nombres ? Le jeune Enrico vient d'avoir vingt-cinq ans. L'année précédente, il a passé un semestre à Göttingen. Et ce séjour a attisé dans sa tête tout un tas d'idées nouvelles.

*

Nous voici alors au début des années 1930. Fermi se pose une question qui l'obsède : si la force électromagnétique et la force de gravitation agissent toutes les deux sur de très grandes distances, c'est-à-dire à l'échelle des étoiles et de l'Univers, se pourrait-il que d'autres forces agissent sur de très petites distances, à l'échelle de l'atome ? Par quel « miracle » l'uranium est-il à ce point instable qu'il se transforme en plomb – qui, à l'inverse, est parfaitement stable ? Y a-t-il une « force » qui pousse l'uranium ou le radium à se transformer « spontanément » en plomb ? Même si cette hypothèse paraissait un peu folle, Fermi allait peu à peu se convaincre que c'était bien sur ce point précis qu'il lui fallait faire porter ses efforts. Et en 1934, son travail allait être récompensé par une découverte fondamentale : celle de la désintégration bêta qui allait le conduire vers la fameuse force faible à laquelle il pensait déjà depuis longtemps. En fait, Fermi allait établir que l'émission d'électrons constatée lors de la désintégration du noyau d'un atome radioactif était due non pas à la présence d'électrons au cœur du noyau mais, bien plus étrangement, au changement d'état quantique de certaines particules de ce noyau (c'est-à-dire à la transformation, au cœur du noyau de cet atome instable, d'un neutron en proton). Et dans ce cas, un électron et un antineutrino sont projetés hors du noyau.

En réalité, si la force faible n'existait pas, tous les éléments dits « radioactifs » seraient stables et l'on pourrait manipuler du plutonium ou de l'uranium sans aucune protection : ces matériaux hautement dangereux ne seraient pas plus nocifs qu'un simple bloc de plomb. Il n'y a pourtant aucune raison de s'en réjouir car la radioactivité est essentielle à l'existence même de l'Univers et à la nôtre : si l'on supprimait la force faible et la fameuse désintégration bêta découverte par Fermi, l'une des premières conséquences serait la disparition immédiate du Soleil. Sans la force faible, la fusion entre protons et neutrons deviendrait impossible et le deutérium ne pourrait plus se former : le Soleil s'effondrerait alors sur lui-même pour donner lieu à une sphère opaque qui cesserait immédiatement de briller et d'émettre de la chaleur.

Pour ses travaux pionniers sur la structure de l'atome et l'interaction faible (qui, au passage, allaient également conduire vers la mise au point de la bombe atomique) Fermi recevra le prix Nobel en 1938. Il donnera également son nom à la fameuse famille des particules regroupées sous l'appellation aujourd'hui bien connue de « fermions », c'est-à-dire aux particules de « matière » (par opposition aux « bosons », particules d'interaction). Mais ce que l'on retiendra surtout de sa formidable contribution à la physique nucléaire, c'est cette idée de fond qu'il exprimera dans ses commentaires sur les expériences de Davisson et Germer sur la diffraction des électrons : « Il sera du devoir de la physique de demain de chercher à bâtir une théorie qui remplacera peut-être les concepts ordinaires de la physique par des données purement mathématiques : c'est à ce prix que l'on pourra peut-être réconcilier les deux aspects de la matière : ceux qui suggèrent que la lumière et la matière se réduisent à des ondes et ceux qui nous disent que cette même lumière et cette même matière ne sont que des "grains" de réalité[1]. »

Au début de l'été 1954, moins de six mois avant sa mort, alors qu'il se trouvait en France, on raconte que Fermi confia au mathématicien Jean-Pierre Vigier, avec lequel il dînait ce soir-là : « Je me demande si, du temps de ma jeunesse, mes collègues de Göttingen n'avaient pas raison, après tout. La réalité dans laquelle nous vivons pourrait bien être, comme ils le répétaient inlassablement, un arrangement des nombres entre eux. Chaque structure de nombres donnerait naissance à des lois et, à leur tour, ces lois donneraient naissance à la matière, à l'espace, au temps... Qui sait[2] ? »

---

1. *Nobel Lectures, Physics 1922-1941*, Elsevier Publishing Company, Amsterdam (1965).
2. Dan Cooper, *Enrico Fermi and the Revolution in Modern Physics*, Oxford University Press, coll. Portraits in Science, Miss. (1999).

Pour s'avancer vers une réponse à cette question, il fallait vraiment penser *très* différemment. Le flambeau va maintenant passer à un nouveau disciple de Göttingen : le mythique « logicien » (comme il aimait à se désigner lui-même) Kurt Gödel.

18

Le théorème de Gödel

Existe-t-il, dans l'Univers, des choses qu'on ne pourra jamais connaître ?

Plus exactement, des choses, des phénomènes qui – un peu comme Dieu – échapperont à tout jamais au pouvoir des mathématiques ? Au dernier jour du fameux Congrès de Paris en 1900, en marge de ses fameux vingt-trois problèmes – et en particulier du deuxième –, Hilbert s'est sérieusement posé la question. Existe-t-il quelque chose d'absolument – et pour toujours – *inconnaissable* ?

Pendant plus de trente ans, Hilbert va chercher. Travailler des nuits entières, au risque d'en perdre l'appétit et le sommeil. Parfois même, il en oublie ses sacro-saintes promenades de cinq heures.

En vain.

Jusqu'à ce qu'un beau jour de 1931, quelqu'un d'autre trouve la réponse. Un frêle jeune homme de vingt-quatre ans complètement inconnu. Depuis, il a fait du chemin. On dit aujourd'hui que ce logicien de génie célèbre pour ses énormes lunettes est le plus important de l'histoire depuis Aristote. Son nom ?

Kurt Gödel.

*

L'histoire commence un jour d'avril 1906, dans l'Empire austro-hongrois. Il y a bientôt soixante ans que l'empereur François-Joseph d'Autriche est monté sur le trône (par un jour lointain de 1848). Nous somme dans la ville de Brno, dans cette région tchèque qu'on appelle la Moravie, avec ses collines et ses forêts trop profondes. Le petit Kurt a eu la chance de naître dans le quartier bourgeois, à l'abri du vent et des fumées. Lorsqu'il fait beau, il peut gambader dans le parc à deux pas du domicile, sans risque de se noyer dans un bassin (il n'y en a pas). Deuxième chance : dans son quartier on parle l'allemand et pas le tchèque, ce qui lui facilitera les choses plus tard. Son père Rudolf dirige avec succès une usine textile et il voue un adoration sans borne à sa mère (dont il a du mal à quitter les jupes). En 1918, l'Empire éclate et Kurt devient tchèque (bien que se considérant comme autrichien en exil). À dix-huit ans, il rejoint son frère et entre à l'université de Vienne, avec déjà un solide bagage en mathématiques (qu'il a apprises sur le tas, à ses heures perdues). En un rien de temps, sa vie jusqu'alors assez terne bascule. Vienne est à l'époque l'une des villes du monde les plus riches sur le plan intellectuel. Entre autres, il y a le fameux cercle de Vienne, où il rencontre des mathématiciens comme Hans Hahn (ancien élève de Hilbert, Klein et Minkowski à Göttingen), mais aussi des philosophes éminents (comme Ludwig Wittgenstein et Rudolf Carnap). Les uns et les autres, à des degrés divers, sont adeptes de ce qu'on appelle le positivisme logique. Un mouvement de pensée qui énonce que ce qui ne peut pas être prouvé mathématiquement ou vérifié expérimentalement n'est pas valide. Des idées qui donnent le coup d'envoi aux réflexions de Gödel. Il commence par étudier la théorie des nombres puis, peu à peu, se dirige vers la logique mathématique – qu'il place bientôt au-dessus de toutes les sciences. L'une de ses camarades d'études, la mathématicienne Olga Taussky-Todd, le décrit alors comme « incroyablement talentueux ».

Mais pour que ce talent éclate, il fallait une rencontre avec le destin. Une fois de plus, Hilbert va entrer en scène et prendre une part décisive dans l'histoire du jeune homme. Un beau jour de 1928, il donne une conférence à Bologne sur la complétude des mathématiques. Gödel, qui a entendu mille fois parler de Hilbert, a fait le déplacement. Il ne perd pas une miette de ce qu'il dit. Et dès le lendemain (après une nuit blanche) sur la route du retour, il choisit la « complétude » pour sujet de sa thèse de doctorat. Celle-ci est soutenue avec éclat en 1930.

L'année suivante, il passe un nouveau cap. Il n'a que vingt-cinq ans mais va publier l'œuvre de sa vie : ses célèbres « théorèmes d'incomplétude ». Cette fois, les choses sérieuses commencent. La lecture de ce texte, à nul autre pareil, est particulièrement longue et ardue, si bien qu'en dehors de John von Neumann (qui vient de revenir en pleine forme de Göttingen où il a travaillé avec Hilbert et Oppenheimer) personne, ou presque, n'a compris son stupéfiant travail. Mais le résultat est là, salué avec admiration par John von Neumann : « La réussite de Kurt Gödel en logique moderne est singulière et monumentale – en fait, c'est plus qu'un monument, c'est un phare, qui restera visible très loin dans l'espace et dans le temps[1] ». Une bombe qui, du jour au lendemain, déclenche un immense tremblement de terre.

*

1. P.R. Halmos, « The Legend of von Neumann », *The American Mathematical Monthly*, vol. 80, n° 4. (1973).

Pour dire les choses simplement et que, comme John von Neumann, vous puissiez comprendre l'immense révolution qu'a apportée Gödel, replaçons-nous dans le contexte du début du siècle dernier.

En deux mots, vers 1920, on pense généralement que l'Univers et les lois qui le gouvernent représentent tout ce qui existe. De ce point de vue (le fameux positivisme logique) notre cosmos est comparable à une gigantesque machine (un peu comme une horloge démesurée) qui n'a pas de commencement dans le temps et pas de limite dans l'espace. C'est à peu près à cette époque que culmine la conviction que la science, fondée sur les mathématiques et la raison, sera bientôt en mesure de tout expliquer dans l'Univers, de triompher de l'ignorance sans faire appel à quoi que ce soit d'extérieur.

Or en 1931, voilà que Gödel avec ses deux fameux théorèmes d'incomplétude, va anéantir cette croyance. Avec une spectaculaire conséquence sur laquelle nous allons insister un peu plus loin. Avant cela, arrêtons-nous un instant sur ces deux magnifiques théorèmes (dont vous avez sûrement entendu parler, à un moment ou à un autre).

Que nous disent-il ? En gros (et de manière simplifiée) ceci : il existe (en mathématique) des choses vraies qu'il est *impossible* de prouver. Autrement dit, un système a beau être *cohérent* (par exemple on peut y calculer à l'aide des nombres entiers), pour autant il ne sera jamais *complet.* C'est tout simplement cela, l'incomplétude de Gödel : dans un système logique, certaines choses, pourtant vraies mathématiquement, ne pourront jamais être démontrées, à moins de sortir des limites de ce système.

Voici une image simple qui va vous permettre de mieux saisir tout cela. Prenons un système quelconque et traçons un cercle autour. Selon Gödel, un tel système ne peut s'expliquer lui-même que s'il se réfère à quelque chose à l'extérieur du cercle. Par exemple, vous pouvez tracer un cercle autour du livre que vous tenez entre les mains. Or sa présence chez vous ne peut s'expliquer que si vous vous référez à la librairie où vous l'avez acheté, laquelle se trouve bien sûr hors du cercle que vous avez tracé autour du livre.

À présent, posons-nous une question nouvelle, qui nous permettra peut-être de progresser dans notre recherche de ce qu'Einstein appelle la « pensée de Dieu » : est-il possible d'appliquer le théorème de Gödel à l'Univers tout entier ? Gödel l'a précisé lui-même : l'application de ses résultats sur l'incomplétude n'est pas limitée à tel ou tel système. Un point fort : l'Univers est gouverné par des lois. C'est donc un système cohérent (Gödel dirait, dans son vocabulaire, un système *consistant*). Par ailleurs, la découverte du Big Bang nous a appris que le cosmos n'existe pas depuis toujours et qu'il ne s'étend pas à l'infini dans l'espace. Par conséquent, le théorème de Gödel peut tout à fait s'appliquer. Il en résulte alors une conséquence majeure. En effet, comme un système ne peut pas être en même temps consistant et complet, l'Univers (qui est visiblement cohérent) est donc inévitablement *incomplet*.

Qu'est-ce que ça veut dire ?

Simplement ceci : pour que notre Univers puisse être expliqué (notamment dans sa cause) il faut donc se référer à quelque chose qui lui est *extérieur*. Pour reprendre l'image ci-dessus, ce « quelque chose » se situe nécessairement en dehors du cercle qui symbolise, dans notre exemple, la limite de l'Univers.

Allons un peu plus loin. Est-il possible, toujours à partir du fameux théorème, de mieux comprendre à quoi pourrait correspondre cette « chose » à l'extérieur de l'Univers ? Une nouvelle fois, on peut répondre oui. Et c'est une très bonne nouvelle. Pour cela, observons notre Univers physique. Il est fait de matière, d'énergie, d'espace et de temps. À présent, ce que nous dit l'approche de Gödel, c'est que cet élément extérieur ne peut avoir aucune des propriétés de l'Univers lui-même. Par construction hors de l'espace-temps et de la matière-énergie, cet élément unique n'est fait ni de matière, ni d'énergie, ni d'espace ni de temps. La meilleure manière de comprendre cet élément à la fois unique et immatériel, c'est donc de le rapprocher de la singularité initiale de l'espace-temps.

Récapitulons : appliqué à l'Univers entier, le théorème de Gödel nous amène donc de manière logique à concevoir l'existence d'une singularité initiale à l'origine de l'espace-temps.

Vers la fin des années 1930, tout cela n'échappe pas à Hilbert. Mais loin de voir dans le fameux théorème une contestation de son programme concernant les limites des mathématiques, il y voit au contraire une éclatante confirmation de son ancienne idée d'harmonie préétablie. Car à ses yeux, l'ensemble des lois à l'origine de l'harmonie en question est *justement* à l'extérieur de notre Univers matériel. Par ailleurs, souvenons-nous que le 4 juin 1925, Hilbert a soutenu devant les membres de la Société mathématique de Munster que « l'infini n'existe nulle part dans la réalité », ce qui signifie qu'à ses yeux, l'Univers *ne peut pas* être éternel. Qu'il a inévitablement une origine. Si nous rapprochons maintenant ces deux idées (l'harmonie préétablie et l'origine) alors nous sommes conduits vers la conclusion selon laquelle l'harmonie préétablie a pour support naturel l'origine de l'Univers. Un point de vue qui va loin, mais qui est partagé par Sommerfeld et de nombreux membres de la nouvelle école de Göttingen. Avec toujours une petite pincée d'humour, comme le montre, au début des années 1930, cette boutade lancée en riant par Hermann Weyl, l'un des plus fidèles « enfants » de Göttingen : « Dieu existe puisque l'arithmétique est consistante et le diable existe puisque nous ne pouvons pas prouver cette consistance[1] ! »

*

Et Gödel ? En 1933, déjà auréolé d'une gloire montante, il devient Privatdozent, c'est-à-dire professeur assistant à l'université de Vienne. En 1936, c'est le drame. L'un de ses professeurs de 1923, Moritz Schlick (à ses côtés au cercle de Vienne) est sauvagement assassiné par un étudiant nazi. Gödel sombre dans une terrible dépression dont il a du mal à se remettre. Ce qui le guérit, c'est son voyage à Göttingen, l'été 1938. Il y retrouve Hilbert – à la retraite mais, comme lui, en visite – et savoure ses grandes promenades avec lui, dans l'ombre fraîche des sous-bois. Les deux mathématiciens de génie s'accordent alors pleinement. L'un parle d'incomplétude, l'autre d'harmonie préétablie et les deux savent qu'ils parlent du même mystère à l'origine du monde. C'est d'ailleurs ces discussions en marchant qui donnent à Gödel une nouvelle idée, tout à fait étonnante. À son tour, le voilà de plus en plus intrigué par cette notion d'harmonie préétablie. À plusieurs reprises, Hilbert a insisté (comme Klein l'avait fait avant lui) sur le rôle fondateur du grand Leibniz dans cette façon de voir l'Univers et l'envers du décor. Il le sait, Leibniz a construit une version élaborée de la fameuse « preuve ontologique » de

1. Hermann Weyl et Peter Pesic (éd.), *Mind and Nature. Selected Writings on Philosophy, Mathematics, and Physics,* Princeton University Press, Mass. (2009).

l'existence de Dieu proposée au XIe siècle par saint Anselme. Pourquoi n'en ferait-il pas lui-même autant en partant de Leibniz ?

Très insolite, l'idée va pourtant faire son chemin chez Gödel à son retour à Vienne.

*

À l'automne 1938, il se marie (contre l'avis de ses parents) avec Adèle, une danseuse rencontrée dans un club onze ans plus tôt. Un bonheur de courte durée. Car les mauvaises nouvelles commencent. C'est d'abord l'université qui refuse sèchement sa demande de poste. Depuis le printemps, l'Autriche est envahie par l'Allemagne et Vienne est défigurée. À présent, mains gantées derrière le dos, des officiers SS montent la garde devant les entrées de l'université, afin d'y régler à leur manière la question juive. Problème, Gödel a été pris pour un juif. Il ne l'est pas mais son ancienne proximité avec ceux du cercle de Vienne refait surface, éveillant les soupçons du comité d'épuration. Un soir, alors qu'il déambule tranquillement avec Adèle dans les rues de Vienne, il est soudain attaqué par une bande de jeunes nazis qui le rouent de coups de pied aux cris de « sale juif ! ». Mais le pire est encore à venir. L'armée allemande le juge bon pour le service et entame les formalités d'enrôlement. Un vrai cauchemar ! Il n'est donc plus possible de traîner. Quelques jours après l'alerte, le couple fait à toute vitesse ses bagages et prend la fuite. Pour déjouer les recherches, ils empruntent le transsibérien jusqu'au fond de la Russie. Puis c'est l'embarquement, d'abord pour le Japon puis, toujours en bateau, la traversée vers San Francisco. Pour autant, l'épuisant périple n'est pas encore terminé. Nos deux émigrants doivent traverser toute l'Amérique en train pour gagner la côte Est.

Mais même l'interminable a une fin et un beau matin, les voilà à Princeton, dans le paysage verdoyant de l'Institut des études avancées. Gödel, qui se voit aussitôt offrir un poste de professeur, peut enfin souffler.

*

Dès qu'il a repris ses esprits, le logicien se remet au travail. Viennent d'abord plusieurs publications reprenant ou développant ses travaux sur l'incomplétude. Dès les premières semaines, il rencontre Einstein, déjà sur place depuis des années. Comme autrefois à Göttingen, les deux savants se lancent dans de longues promenades qui, au fil des mois, cimentent une solide amitié entre eux. Personne ne sait au juste ce dont ils parlent durant ces marches à pas paisibles. Mais, comme l'avoue un jour Einstein à l'économiste Oskar Morgenstern : « Mon propre travail ne signifie plus grand-chose et si je viens à l'Institut, c'est pour avoir le privilège de revenir à la maison avec Gödel[1] ».

Au fil des années, le rite devient incontournable, même lorsqu'il pleut ou que le vent fait plier les branches sur leur chemin. Est-ce qu'alors Einstein a commencé à parler de la pensée de Dieu avec Gödel ? Ce n'est pas impossible. Car à peu près à la même époque, il commence à se demander sérieusement si « Dieu avait le choix au moment où il a créé l'Univers ». Ce genre de questions laisse des traces dans l'esprit attentif (et parfois très imprévisible) de Gödel. Il se souvient de ses discussions sur l'harmonie préétablie avec Hilbert. Les retrouve, avec les mêmes mots, en compagnie d'Einstein (qui l'impressionne toujours autant quand il pense à tout

1. Rebecca Goldstein, *Incompleteness*, W.W. Norton & Company, New York (2005).

ce qu'il représente pour des millions de gens dans le monde entier). Un jour de l'été 1941, en prenant le thé sur sa terrasse au soleil, le maître de la relativité lui a lu quelques lignes du discours prononcé le 26 avril 1918 en l'honneur du soixantième anniversaire de son ami Max Planck. Parmi ces principes, ce qui émerveille Einstein, c'est que le chercheur « *voit avec stupéfaction le chaos apparent se résoudre en un ordre sublime qui ne peut pas être attribué au fonctionnement de son esprit mais au monde qu'il observe ; c'est ce que Leibniz avec tant de bonheur, désignait comme une "harmonie préétablie"*[1] ».

Leibniz ! Pour Gödel, la cause est entendue. Durant l'été 41, il commence par relire attentivement la preuve ontologique de l'existence de Dieu proposée par le philosophe. Puis, il va soigneusement disposer son carnet devant lui et se mettre au travail. Son but ? Reformuler lui-même, en suivant les règles rigoureuses de ce qu'on appelle la « logique modale », les arguments ontologiques proposés par l'auteur du concept d'harmonie pré-établie. C'est avant tout un exercice de logique, avec une petite arrière-pensée qui prolonge sa conviction. En effet, plusieurs années auparavant, il s'est exercé à appliquer ses fameux théorèmes d'incomplétude à l'Univers entier. Sa conclusion est alors tombée, pure comme la logique : l'Univers ne peut pas tirer sa signification de lui-même. Pour qu'on puisse lui trouver un sens, on doit obligatoirement se référer à une cause qui lui est extérieure. En somme, se dit Gödel en rédigeant sa propre « preuve » de l'existence de Dieu, il ne s'agit que de renforcer, d'un point de vue purement formel, ce qu'il a déjà découvert grâce à ses travaux antérieurs. Quelques mois

1. A. Einstein, « Zu Max Plancks sechzigstem Geburtstag », Société allemande de physique, Karlsruhe (26 avril 1918).

plus tard, il achève la première version de sa « preuve ontologique » où, effectivement, l'on peut suivre les développements logiques et lire sa conclusion : « donc, Dieu existe ».

La phrase est forte. Trop, bien sûr, pour renvoyer à autre chose qu'à la véritable nature de cette prétendue « preuve » : un pur exercice de logique. Prudent, Gödel n'a d'ailleurs jamais eu l'intention de publier ce texte, qui va dormir dans ses tiroirs jusqu'au début des années 1970 (et qui, de toute façon, ne sera accessible qu'après la disparition du grand logicien en 1978). Ce qui ne l'empêche tout de même pas d'écrire : « Il existe une philosophie et une théologie scientifiques, qui traitent de concepts de la plus haute abstraction, et ceci est très fructueux pour la science[1]. »

Une théologie scientifique ! L'expression – à l'image de son auteur – est très paradoxale, mais aussi « suffisamment folle » pour désigner quelque chose de juste. Une manière d'éclairer les ténèbres de l'inconnaissable par la lumière de la logique pure.

Tout comme Oppenheimer, Gödel n'écoute jamais la radio, va rarement au cinéma (en dehors des dessins animés, qu'il adore), ne lit jamais les journaux. Mais il n'arrête jamais de penser. Et ce qu'il a découvert en 1931 va permettre à Einstein, vers la fin des années 1940, de faire un pas surprenant vers cette pensée de Dieu qu'il cherche à comprendre depuis 1922.

Dans sa vie, Einstein a rencontré beaucoup de monde. Des philosophes éminents, comme Bergson. Des mathématiciens de génie, comme Poincaré. Des chefs d'État charismatiques, comme Roosevelt, des souverains couronnés de gloire. Mais peu l'ont

1. Hao Wang, *A logical Journey. From Godel to Philosophy*, MIT Press, Mass. (1996).

vraiment impressionné. À l'exception de Gödel. Ce visionnaire unique en son genre, venu d'un autre monde, l'a marqué pour toujours. Et la trace de cette rencontre magistrale entre ces deux princes de la pensée va se retrouver dans la question inouïe qu'Einstein va soulever dans le prochain chapitre.

19

Dieu avait-Il le choix ?

Nous voici en 1951, dans le tranquille bureau qu'Einstein occupe à l'Institut des études avancées. C'est l'été. Les fenêtres sont ouvertes en grand sur le ciel et les magnifiques arbres du parc. Le maître est devant son tableau noir et trace de sa belle écriture ces équations de la relativité générale qu'il a écrites tant de fois. Comme il a supprimé la constante cosmologique, elles décrivent l'Univers depuis le Big Bang. Soudain, il se tourne vers son assistant, le jeune physicien Ernst Straus. Son regard s'envole au-delà, vers l'invisible, lorsqu'il se demande à voix basse : « Est-ce que Dieu avait le choix lorsqu'il a créé l'Univers ? »

La question est incroyablement profonde. En un seul trait, elle nous renvoie un quart de siècle plus tôt, lorsqu'il écrivait à Max Born (l'ancien assistant de Minkowski à Göttingen) sa célèbre « sortie » : « En tout cas, moi, je suis convaincu que Dieu ne joue pas aux dés ! »

Einstein n'a donc pas le moindre doute : l'Univers n'est pas né par hasard ! Toutefois, même si l'Univers échappe au hasard, aurait-il pu être différent ? C'est-à-dire gouverné par des lois *différentes* ? Lorsqu'Einstein se pose cette question, il connaît sur le bout des doigts la découverte de son ami de toujours, Sommerfeld. Tout en se promenant dans le paisible Jardin anglais à Munich, ou en dégustant en se léchant les doigts des « Knödels » aux abricots dans un salon de thé, les deux savants ont discuté à perte de vue de la constante de structure fine. Et la conclusion a toujours été la même : si la constante n'avait pas pour valeur 1 divisé par 137, l'Univers ne pourrait pas engendrer la moindre trace de vie. À condition qu'il puisse se former ! Et ce qui est vrai pour la constante de structure fine l'est aussi pour toutes les autres constantes, tranche Einstein. D'où sa réponse : les lois dans l'Univers ne pouvaient pas être différentes au moment de sa naissance. En d'autres termes, Dieu n'avait pas le choix !

Quarante ans après Einstein, un savant anglais, sir Roger Penrose, de l'université d'Oxford, s'est posé la même question. En imaginant un immense tableau couvert de milliards de points désignant des Univers possibles, Penrose s'est demandé si le Créateur avait la liberté de poser son stylet sur n'importe quel point au moment du Big Bang pour engendrer un Univers plus ou moins comme le nôtre. Et là encore, sa réponse, très argumentée par des calculs, est la même que celle d'Einstein : le Créateur n'a *aucune* liberté de choix. Il n'existe qu'un seul point, parmi les milliards de milliards de milliards d'autres possibilités, sur lequel le Créateur puisse poser son stylet. Pour donner une idée de l'immensité de cette contrainte à l'origine, Penrose montre que la « chance » pour que le Créateur tombe *par hasard* sur le bon point est de une sur 10 puissance 10 puissance 123 ! Ce qui veut dire que si on voulait écrire ce chiffre sur toutes les particules élémentaires de l'Univers, on n'arriverait à peine au début.

C'est peut-être pour cela qu'un beau jour, Einstein a lancé en souriant : « Le hasard, c'est Dieu lorsqu'il se promène incognito ! »

À présent, pour mieux comprendre le point de vue d'Einstein, voyons de plus près *pourquoi* ces grands nombres sont tels qu'ils sont et pas autrement.

*

Commençons par le plus célèbre : le nombre que Sommerfeld a découvert en 1916. Il s'agit, vous le savez à présent, de la mystérieuse « constante de structure fine ». Ce nombre qui a tant obsédé Eddington (jusqu'à la fin de ses jours, il a essayé de montrer, avec l'énergie du désespoir, que sa valeur était exactement 1 divisé par 137). Et également le Prix Nobel Pauli, qui pendant plus d'un quart de siècle a consulté le psychanalyste Jung dans l'espoir de dissiper son obsession pour ce nombre pur. Sa valeur est d'environ 1 divisé par 137,035999. Mais d'où vient-il ? En fait, du fond de l'espace-temps. Plus exactement, de l'aube des temps. À la première heure de l'Univers après sa naissance, il était déjà là et avait la même valeur qu'aujourd'hui (comme le montrent toutes les mesures). A la première minute aussi. C'est ce nombre pur qui est au centre de la fabrication des premiers noyaux de l'Univers naissant, un Univers où il fait incroyablement chaud : un milliard de degrés. Et à la première seconde ? La température grimpe à des hauteurs folles : dix milliards de degrés. Notre constante de structure fine, venue d'un ailleurs lointain, est bien sûr déjà là, avec la même valeur qu'aujourd'hui. Mais encore une fois, d'où vient-elle ? En fait, il nous faut remonter fabuleusement tôt dans l'histoire de l'Univers, juste dix milliardièmes de seconde après le Big Bang, pour assister à la naissance de cette mystérieuse constante. La température de l'Univers est d'un million de milliards de degrés ! Pourquoi cette époque et pas une autre ? Parce que c'est le moment où la force faible (celle qui gouverne la radioactivité) et la force électromagnétique se séparent, marquant la fin de la symétrie parfaite qui, encore plus loin dans le passé, régnait entre ces deux forces. En somme, le nombre 1 sur 137 émerge une infime fraction de seconde après le Big Bang. Et avant ce seuil ? C'est là que les choses deviennent vraiment passionnantes. Si l'on remonte à une époque antérieure à la séparation entre la force forte et la force électromagnétique, par exemple à mille milliardièmes de seconde après le Big Bang, alors la constante de structure fine et la constante réglant la force faible sont « mélangées ». Mais l'empreinte des deux constantes qui naîtront plus tard est déjà là, au cœur de ce mélange de l'aube des temps, sous une forme numérique qui suit une vertigineuse évolution.

Nous l'avons vu, la constante découverte par Sommerfeld et celle qui règle la force faible naissent en même temps, dix milliardièmes de seconde après le Big Bang.

À présent, quelle est l'origine de la troisième constante correspondant à la troisième force, la force forte ? Pour la retrouver, il nous faut remonter encore plus loin dans le passé. Encore plus près du Big Bang. Cette fois, la température est vraiment énorme : un milliard de milliards de milliards de degrés ! L'Univers vient vraiment de naître et n'est âgé que d'un cent millionième de milliardième de milliardième de milliardième de seconde ! C'est à cet instant ultra-précis, dont le réglage est bien supérieur au milliardième de milliardième de seconde, qu'apparaît la force forte.

Reste la dernière constante. Celle qui règle la gravitation. Quand est-ce qu'elle apparaît ? La réponse donne un certain vertige : à l'instant du Big Bang.

Cet instant porte le nom très évocateur d'instant de Planck. À quoi correspond-il ? À la plus petite fraction de temps que l'on puisse atteindre et qui ait encore un sens physique. C'est fabuleusement petit : 10 puissance moins 43 seconde, autrement dit : 0,0000000000000000000000000000000000000000001 seconde. L'Univers est alors bien plus petit, des milliards de milliards de fois plus petit qu'un atome. Son rayon est d'à peine 10 puissance moins 33 cm, autrement dit un centimètre divisé par un million de milliards de milliards de milliards ! C'est tellement infime et l'Univers est alors tellement dense que la température dépasse tout ce qui pourrait avoir un sens pour nous : 10 puissance 32 degrés ! Ou encore cent mille milliards de milliards de milliards de degrés ! C'est dans ce « monde » soumis à ces conditions démentielles que notre fameuse constante émerge. Un instant plus tard, elle dégringole dans un gouffre, jusqu'à devenir 10 puissance 40 fois – c'est-à-dire dix mille milliards de milliards de milliards de milliards de fois plus petite que la constante de structure fine.

Les quatre nombres purs sur lesquels repose notre Univers sont tous apparus bien longtemps avant la première seconde. Tout cela avec une précision hallucinante, correspondant à un réglage au milliardième de milliardième de milliardième près.

*

Revenons un instant sur ce fantastique réglage. La précision est en effet hallucinante. À quoi la comparer ? Prenons un jeu de fléchettes. Et à présent, visons une pomme qui se situerait inconcevablement loin, à l'autre bout de l'Univers, à 13,75 milliards d'années-lumière d'ici. Lançons notre fléchette. Elle va s'éloigner, traverser l'espace sur des milliards de milliards de milliards de milliards de milliards de kilomètres. Jusqu'à ce qu'elle tombe enfin en plein milieu de la pomme. L'immense précision de ce tir, c'est celle du « réglage » inouï qui a existé entre nos quatre constantes au moment où elles apparaissent, juste après le Big Bang.

Tout ceci nous amène au bord d'un nouveau progrès. D'un nouveau saut vers l'harmonie préétablie. Mais pour gagner cette nouvelle position, il va nous falloir rejoindre, une fois de plus, un disciple de Hilbert dont il est le jeune assistant en 1926. Un nouvel héritier du trésor de Göttingen. Lui aussi a pris sa part. Mais il a aussi donné des choses immenses. Comme Ramanujan, il est considéré comme un pur génie. Et avec lui, nous allons faire un pas décisif.

20

Les algèbres de von Neumann

Cet été-là, le soleil brille sur Göttingen.

Nous sommes en 1926 et il fait particulièrement chaud dans tout le pays (comme d'ailleurs dans le reste de l'Allemagne). Dans ce grand après-midi où le silence est aussi pesant que le soleil, presque tout le monde en profite, dans les laboratoires, pour se reposer au frais. Les tableaux noirs sont assoupis. Seules les abeilles bourdonnent très haut dans le ciel vide. Tout le monde est à l'ombre sauf un jeune homme de vingt-trois ans qui semble totalement insensible à la chaleur. Il travaille en plein soleil et ne transpire même pas. Infatigable, n'ayant même pas quitté son élégante veste en lin bleu clair, il calcule d'arrache-pied.

Son nom ? John von Neumann.

L'une des plus fortes légendes dans l'histoire de la physique, marqué lui aussi par le génie. L'un des meilleurs élèves de Sommerfeld, Hans Bethe (qui aura le prix Nobel en 1967) l'a bien connu et a dit de lui : « Je me suis parfois demandé si un cerveau comme celui de von Neumann n'appartenait pas à une espèce supérieure à l'homme[1]. »

De fait, comme beaucoup de ceux qui sont passés à Göttingen, c'est un esprit hors du commun. Mais

1. Clay Blair Jr., « Passing On a Great Mind », *Life* (février 1957).

en attendant, il est l'assistant de Hilbert. Celui-ci l'avait tout de suite remarqué pour son élégance : « Mais qui donc est le couturier de ce garçon si parfaitement habillé ? » La rencontre a fait le reste entre les deux hommes. Instantanément, von Neumann est tombé sous le charme du maître dont il a tout à apprendre. Sans qu'il sache trop l'expliquer, l'ambiance de Göttingen lui plaît. Et il est prêt à travailler corps et âme pour Hilbert sans jamais rechigner, vingt-quatre heures sur vingt-quatre.

*

Question travail, il a du pain sur la planche. Hilbert l'a chargé comme un baudet. Il est vrai que depuis ses succès en relativité générale, son mentor est de plus en plus impliqué dans la physique. En outre, il s'est passé beaucoup de choses l'année précédente. Deux des plus brillants fleurons de Göttingen ont fait une découverte fracassante. Le premier est Max Born, l'ancien assistant de Minkowski, retourné comme professeur à Göttingen en 1921. Le second est l'un de ses élèves, le jeune et impétueux Werner Heisenberg, ce scout au regard bleu ciel, qui obtient son doctorat en 1923 sous la direction de Sommerfeld (encore lui !) et son habilitation avec Born l'année suivante. Et dès 1925, c'est le triomphe : à eux deux, ils vont révolutionner la formulation mathématique de la mécanique quantique. Et obtenir (en partie pour ce travail) le prix Nobel, Heisenberg dès 1932 (à tout juste trente et un ans) et Born plus tard, en 1954.

Or, c'est là que von Neumann entre en scène. Avec une intuition fulgurante, il va réaliser qu'un système quantique correspond à un point dans le fameux « espace de Hilbert » au nombre indéterminé de dimensions, découvert par le maître vingt ans plus tôt sur des bases purement mathématiques. C'est d'ailleurs lui – jamais en reste d'une trouvaille – qui a inventé le terme si évocateur d'« espace de Hilbert ». Grâce à lui, voilà Hilbert propulsé pour toujours au sommet de la théorie quantique, dont son nom est devenu inséparable. Or, cet événement est capital pour Hilbert. Pourquoi ? Pas parce qu'il lui apporte la gloire. En fait, depuis la découverte par son assistant de ce lien totalement inattendu, à vingt années de distance, entre mathématiques et physique la conviction de Hilbert est inébranlable : il existe une harmonie préétablie entre les mathématiques et la physique. Autrement dit, les mathématiques sont *vraiment* le langage de la nature.

*

Cet épisode vaut que nous revenions un peu sur la personnalité hors norme de von Neumann. D'autant plus qu'il va nous apporter une deuxième clef, inattendue, pour comprendre d'où vient, peut-être, le fabuleux réglage à l'origine de l'Univers.

Comme Schrödinger, Boltzmann ou Gödel, von Neumann est né dans l'Empire austro-hongrois, le lendemain de Noël 1903, au sein d'une riche famille juive de Budapest. Son père Michaïl Neumann acquiert en 1913 le titre de baron héréditaire par la grâce de sa Majesté impériale, François-Joseph d'Autriche, pour ses services rendus à l'Empire. Du coup Janos prend la particule et gagne désormais son nom de légende[1]. Mais bien avant, ses dons qualifiés par certains de « surhumains » éclatent au grand jour. À six ans, il lit et parle couramment le

1. Ce n'est qu'à partir du moment où il vivra aux Etats-Unis que von Neumann adoptera la version américaine, John, de son prénom.

latin et le grec ancien. Sa grande passion, c'est l'histoire et à sept ans, il est devenu incollable sur tout de ce qui s'est passé depuis deux mille ans dans le monde entier. À huit ans, il plonge dans les mathématiques et l'année suivante, il maîtrise totalement le calcul intégral et différentiel. Il est vrai qu'il est servi par sa mémoire photographique. Après avoir lu une seule fois un article ou un livre, il est capable de le réciter mot à mot, même des années plus tard, sans une hésitation. Bien entendu il parle à la perfection plus d'une dizaine de langues et s'il a besoin d'en apprendre une nouvelle, ça ne lui prend que quelques semaines. À quinze ans, il domine de son impressionnante stature tout le paysage mathématique, à tel point qu'un jour, l'un de ses professeurs éclate en sanglots devant tant de talent. Tout cela ne passe pas inaperçu et très vite, von Neumann est considéré comme un génie. Il cadre en tous points avec la description qu'en fait le biologiste et mathématicien Jacob Bronowski : « Il était l'homme le plus intelligent que j'aie jamais rencontré, sans exception. C'était un génie[1]. »

Cette silhouette peu commune débouche évidemment sur une vie tout aussi peu ordinaire. Von Neumann ne fait rien comme tout le monde (en dehors du soin extrême qu'il porte à ses habits en toute circonstance, même en plein désert, où on le trouve vêtu d'impeccables costumes trois-pièces en toile de lin). Comme il ne peut s'empêcher de lire en conduisant, il a des accidents à répétition. Un jour, prenant le volant pour la ville voisine, il s'arrête à mi-chemin pour déjeuner (il adore les bonnes tables et, comme le dit son épouse Klara, il compte tout sauf les calories). Au moment de repartir, fidèle

1. Film documentaire de Jacob Bronowski, *The Ascent of Man*, BBC (1973).

à la figure du savant distrait, il est soudain obligé d'appeler Klara : lui qui a une mémoire photographique, il a *oublié* pourquoi il a pris la route ! À Princeton où il excelle comme professeur, il se fait bien sûr remarquer par mille détails incongrus, entre autres pour sa propension à faire hurler sur son phonographe grinçant des marches militaires du IIIe Reich (ce qui fait parfois sursauter ses collègues, parmi lesquels Einstein, qui vivait à côté.) Et comme tous les esprits hors catégorie, il ne peut pas travailler dans son bureau et ne devient « vraiment créatif » (comme il aimait à le répéter) que lorsqu'il est au milieu des gens, de préférence aux côtés de sa femme avec la télévision allumée à fond.

Vous l'avez compris : von Neumann était le plus rare et le plus attachant des personnages.

*

Dans la foule de ses colossales contributions (aux mathématiques pures bien sûr, mais aussi à la théorie quantique, à la réalisation de la bombe atomique, à la logique, à l'intelligence artificielle – il est le père du tout premier ordinateur –, à la biologie, à l'économie et même à la politique) il y en a une qui va maintenant retenir notre attention. En effet, il est le père de formes mathématiques extraordinairement puissantes, qui portent aujourd'hui son nom : les *algèbres de von Neumann*. Or, cet instrument (qui sous-tend une bonne partie de la théorie quantique) nous intéresse dans la mesure où il constitue le fondement mathématique d'une théorie nouvelle, d'une fabuleuse efficacité, qui a pour nom « la théorie KMS ».

Que veulent dire ces trois lettres ?

Ce sont les initiales des noms de trois grands savants. En fait, dans le jargon (pas toujours facile à suivre) des physiciens, lorsqu'un système quelconque est en équilibre, on dit qu'il est en « état KMS ». Or, cet état très spécial était sans doute celui de l'Univers au moment du Big Bang. Et ceci va nous permettre, au dernier chapitre, de tenter d'apercevoir ce qui a pu se passer avant même la naissance physique de notre Univers.

Arrêtons-nous ici. Après la découverte des applications physiques de l'espace de Hilbert, voilà que von Neumann nous fournit avec ses algèbres (qui portent la formidable empreinte de Göttingen) une deuxième confirmation qu'il existe bel et bien une harmonie préétablie entre le monde mathématique et le monde physique.

Car avec ces algèbres, nous tenons maintenant une clef d'une fantastique puissance. Comme nous allons le voir au dernier chapitre, elle va nous permettre de trouver un début de réponse à l'énigme qui traverse ce livre : d'où vient donc le réglage stupéfiant observé à l'origine de l'Univers ? Une question qui plongeait von Neumann dans le bonheur.

Mais il nous faut maintenant aller encore plus loin. Nous rapprocher toujours plus de la « pensée » visée par Einstein. Cette fois, elle va prendre la forme de l'un des plus colossaux mystères scientifiques de notre époque. Celui qui mobilise, sur la planète, le plus de moyens – et de loin – pour sa résolution.

21

La particule Dieu

Nous sommes en 1964. Un physicien anglais du nom de Peter Higgs réfléchit depuis plusieurs années à des questions toutes simples : pour quelle raison le plomb est-il, par exemple, plus lourd que le fer ? D'où vient la masse des objets qui nous entourent ? Et au fond, pourquoi les choses sont-elles comme elles sont ?

En réponse à ces interrogations presque banales, au fil des années, une idée finira par s'imposer à Peter Higgs. À mesure qu'il approfondit ses recherches, il en vient à penser que toute la matière – tout ce qui nous entoure : les tables, les maisons, les fleurs, les chiens, les oiseaux, les arbres, le Soleil ou les planètes –, tout ces objets baignent dans une sorte de « champ » invisible.

Or quelques mois plus tôt, à l'université libre de Bruxelles, deux physiciens théoriciens, François Englert et Robert Brou en viennent à la même conclusion : un champ invisible existerait dans tout l'univers – pas seulement à l'endroit où vous vous trouvez, pas seulement sous les pattes de votre chien ou les poils de votre chat, mais aussi *à l'intérieur* de leur corps. En fait, ce champ serait littéralement *partout* : depuis les atomes qui composent le fauteuil sur lequel vous êtes assis, jusqu'à ceux qui fusionnent au cœur des étoiles les plus lointaines, à des milliards d'années-lumière. Quelle est la raison d'être d'un tel champ universel ?

Pour répondre à cette deuxième question, sans se consulter car ils ne connaissaient pas encore, François Englert, Robert Brou et Peter Higgs ont commencé par s'interroger *en physiciens* sur le monde étrange des particules élémentaires. Et en particulier sur leur masse. Les uns et les autres n'ignorent pas, bien sûr, que les atomes sont constitués de particules plus petites, le proton, le neutron et l'électron ; ils tiennent compte du fait qu'à leur tour, ces particules élémentaires sont constituées d'éléments encore plus petits : le proton est composé de 3 éléments fondamentaux, les *quarks* (2 quarks dits « up » et 1 quark dit « down »).

Or à mesure qu'ils approfondissent leurs recherches, Englert, Brou et Higgs sont de plus en plus intrigués : pour quelle raison le quark « top » est-il 348 000 fois plus massif que l'électron ? Pourquoi une telle différence ? Autre sujet d'étonnement qui, cette fois, concerne une distinction importante entre deux quarks : le quark up se trouve être 5 800 fois plus léger que le quark top ! Là encore, pourquoi ? Et surtout, que se serait-il passé si au lieu d'être 5 800 fois plus léger, il avait été, disons, 5 200 fois moins lourd ? Pour quelle raison le « poids » du boson « Z » est-il de 91,2 alors que ses deux « cousins », les bosons « W », sont tous les deux de 80,4. Et que se passerait-il si ce « poids » était de 80,3 ?

En fait, dans le monde des particules élémentaires, force est de constater que les plus grandes différences existent entre chaque famille : un électron pèse $0,9.10^{-27}$ g, soit 0,9 milliardième de milliardième de milliardième de gramme. De son côté, le neutrino « pèse » un électron-volt. Et si le proton est 938 millions de fois plus lourd, le quark top, quant à lui, est... 175 milliards de fois plus lourd. Quant au photon, ce « grain de lumière », il n'a, au contraire, pas de masse du tout. Pourquoi ? Or les différences entre les particules élémentaires peuvent être encore plus impressionnantes : tandis que la durée de vie du proton se compte en milliards d'années, celle du neutron n'excède pas un quart d'heure. Pourquoi un tel gouffre entre ces grandeurs ? Mystère !

C'est pour répondre à ces questions vertigineuses que François Englert, Robert Brou et Peter Higgs, indépendamment les uns des autres, ont eu l'idée de postuler l'existence d'une particule tout à fait singulière : Englert et Brou l'appellent « boson scalaire », tandis que la particule postulée par Higgs deviendra célèbre sous le nom de « boson de Higgs ». Selon les trois physiciens, cette particule *devait* exister. Sans elle, c'était tout le modèle standard des particules qui s'effondrait. Après plusieurs mois de travail, les trois chercheurs finiront par conclure que cette mystérieuse particule devait nécessairement interagir avec les autres particules et leur donner leur masse. Ce mystérieux boson serait apparu un dix milliardième de seconde (10^{-10} s) après le Big Bang. À cette époque, la température atteignait à peu près le million de milliards de degrés. Dès que l'Univers a commencé à refroidir, très tôt dans son histoire, ce boson énigmatique aurait donc engendré un « champ » invisible (appelé désormais « champ de Higgs ») avec lequel les quarks primordiaux (apparus à peu près 10^{-12} seconde après le Big Bang) auraient interagi et, dès lors, acquis leur masse.

Mais comment comprendre que l'interaction entre les quarks et ce mystérieux « champ de Higgs » puisse leur donner une masse ? Pour y voir un peu plus clair, nous allons prendre un exemple tout simple : celui d'un océan face à la plage. Imaginons, dans un premier temps, que les milliards de molécules d'eau contenues dans notre océan soient des « bosons de Higgs ». Dès lors, exactement de la même manière que, toutes ensemble, les minuscules molécules d'eau finissent par former un immense océan, les « bosons de Higgs » vont former, de leur côté, le « champ de Higgs », encore appelé, à juste titre, l'« océan de Higgs ».

À présent, imaginons qu'il nous vienne à l'esprit d'organiser une course de vitesse entre, par exemple, un « poisson voilier » magnifiquement profilé pour atteindre de très grandes vitesses[1], et un hippopotame. Au premier coup d'œil, nous verrions alors que le poisson voilier, parfaitement adapté à l'environnement aquatique, interagit à peine avec le milieu marin : d'une finesse parfaite, il ne crée pratiquement ni vague d'étrave ni turbulences de sillage, signe que l'eau ne le « freine » presque pas. À l'inverse, notre hippopotame patauge maladroitement et a le plus grand mal à nager vers la plage : de par sa taille et son « profil » épais, il interagit très fortement avec l'eau qui, dès lors, lui « résiste » et le « freine » dans sa progression particulièrement lente.

Pour aller au bout de notre analogie, il nous suffit maintenant de remplacer notre océan d'eau par un « océan de Higgs » : notre poisson voilier y devient alors un électron (la plus légère des particules), tandis que notre hippopotame se transforme en quark top, une particule « lourde ». Alors que l'électron interagit très peu avec l'océan de Higgs et s'y déplace sans être « freiné » par ce champ, la particule « lourde » se trouve, au contraire, littéralement « engluée » dans l'océan de Higgs et s'y déplace bien

1. Le poisson voilier est le poisson le plus rapide du monde : il peut sillonner les mers à la vitesse incroyable de 110 km/heure.

plus difficilement. Autrement dit, si dans notre analogie, l'hippopotame représente une particule dont la masse élevée serait due à son interaction importante avec l'océan de Higgs, le poisson voilier doit sa faible masse au fait que cette particule interagit très peu avec le champ de Higgs.

*

Si l'hypothèse du « boson de Higgs » (que nombre de physiciens appellent désormais, à la suite de Leon Lederman, la « particule Dieu ») est vérifiée par l'expérience et confirmée par l'observation au LHC, l'accélérateur de particules du CERN, alors il nous faudra réviser toutes nos idées classiques concernant la « masse » des objets. Jusqu'ici, en effet, on a toujours considéré que la masse était une propriété intrinsèque de la matière : voilà que le champ de Higgs vient tout remettre en cause. Car dans ce cadre, la masse des objets n'est qu'un effet dynamique lié à l'interaction plus ou moins importante entre les constituants de ces objets (les particules élémentaires) et le champ de Higgs dans lequel ces objets se déplacent. Autrement dit, pour prendre une analogie commode, votre masse deviendrait de plus en plus grande à mesure que le milieu dans lequel vous vous déplacez deviendrait de plus en plus épais : vous aurez beaucoup moins de mal à nager dans une piscine d'eau claire (puisque l'interaction de votre corps avec le milieu sera faible) que dans une piscine remplie de mélasse ou d'un sirop contre la toux (où l'interaction de votre corps avec ce milieu épais sera forte).

Tel serait donc le champ de Higgs : une sorte de « glu » qui envahirait tout l'espace pour « freiner » les particules qui s'y déplacent. Plus l'interaction entre ces particules et cette « glu » serait grande, plus la masse de ces particules serait élevée. À l'exception des rares particules « sans masse » (le photon, le gluon et le graviton, particules de masse nulle, sont en effet insensibles au champ de Higgs) aucune particule, nulle part, ne pourrait lui échapper. On ne le voit pas, mais selon François Englert, Robert Brou et Peter Higgs, ce mystérieux champ de Higgs s'étendrait partout : sur Terre, dans les nuages, sous Terre, au cœur du Soleil, dans l'espace et les galaxies les plus lointaines, mais aussi sur les ailes d'un papillon de mai, dans la chaise sur laquelle vous êtes assis ou à l'intérieur de votre propre corps.

Reste le plus important : découvrir enfin la mystérieuse « particule Dieu ». Car en dépit de la cohérence du modèle standard, en dépit de tous les efforts et des formidables moyens consacrés à sa poursuite dans le grand accélérateur du LHC, le « Higgs » n'a toujours pas été observé. Personne ne l'a jamais vu et on n'a encore qu'une idée assez floue du secteur d'énergie dans lequel on pourrait s'attendre à le trouver (autour de 125 GeV, pense-t-on, sans en être certain). Seul contre tous, Stephen Hawking a risqué le pari selon lequel le Higgs n'existe pas. Se pourrait-il que la « particule Dieu » échappe à ses poursuivants ? Dans ce cas, comme le répètent avec un certain effroi les physiciens du CERN et les autres, toute la physique serait à revoir de fond en comble.

En attendant, le mystère reste entier.

Un mystère d'autant plus troublant que la masse de notre énigmatique Boson (dont la valeur attendue vient tout juste d'être confirmée autour de 125 GeV) a, comme l'indique l'un des experts du LHC, Tomaso Dorigo, physicien au Fermilab et au CERN (il travaille à la fameuse expérience CMS que nous découvrirons au chapitre suivant) « *une chance sur un milliard de milliards d'être due au hasard*[1]. »

Si ce « miracle » est définitivement confirmé par l'observation, alors nous découvrirons que l'infiniment petit repose sur de nouveaux nombres purs résultant du rapport entre la masse du Boson de Higgs et celles de toutes les autres particules.

C'est pourquoi, enthousiasmé par le formidable enjeu où la physique rejoint la métaphysique, le physicien théoricien Michio Kaku franchit l'étape ultime en osant dire le 29 novembre 2009 sur BBC News à propos des expériences menées au LHC : « Nous voulons une théorie, peut-être une seule équation, qui va nous permettre de "lire la pensée de Dieu" ».

Finalement : alors que dans la première lumière de l'Univers le satellite PLANCK « voit » le visage de Dieu, au fond de la matière, le LHC pourrait bien deviner, quant à lui, la pensée de Dieu.

---

1. http://www.science20.com/quantum_diaries_survivor/plot_week_no_susy_new_cms_search-89761

22

À la poursuite de la particule Dieu

Mercredi 10 septembre 2008. Nous sommes au Centre européen de la recherche nucléaire, près de Genève, à la frontière franco-suisse. Des centaines d'invités sont venus du monde entier pour assister à un événement historique. Il est un peu plus de 7 heures GMT du matin. Dans quelques instants, la plus grande expérience scientifique de tous les temps va enfin commencer. Cela fait plus de vingt ans que ce projet colossal a été lancé. Son coût ? Plus de 5 milliards d'euros. Des dizaines de milliers d'ouvriers, de techniciens et de scientifiques se sont relayés pour construire ce fantastique instrument. Son objectif ? Tenter de s'approcher un peu de cette énergie phénoménale qui régnait quelques fractions de seconde après le Big Bang, au moment où l'Univers venait à peine de naître, il y a de cela 13,7 milliards d'années. Ce que l'on cherche avant tout ? À mettre enfin la main sur la fameuse « particule Dieu », la pièce manquante au modèle standard, particule fantôme sans laquelle toute la théorie physique actuelle serait à refondre entièrement. Pour atteindre cet objectif presque irréel, on a donc entrepris de construire la plus grande machine du monde : le LHC[1].

1. *Large Hadron Collider* (grand collisionneur de hadrons).

Enterré comme un monstre immobile à plus de 100 mètres de profondeur, le grand anneau du LHC mesure 27 kilomètres de circonférence et pèse près de 40 000 tonnes. Un immense tunnel circulaire qui contient, entre autres, 9 300 aimants, 7 000 kilomètres de câble, six détecteurs dont le poids dépasse celui de la tour Eiffel : un prodigieux dispositif destiné à recréer des niveaux d'énergie inconnus sur la Terre. Par quel moyen ? Sur le papier, le procédé est relativement simple : il s'agit d'envoyer des faisceaux de protons qui circuleront en sens inverse dans deux tubes au sein desquels règne un vide presque parfait (la pression y est dix fois inférieure à celle qui règne sur la Lune) et une température de l'ordre de – 271,3 °C (ce qui en fait, avec le satellite PLANCK, l'endroit le plus froid de l'Univers puisque même dans le vide de l'espace il fait très légèrement plus chaud). Le vide presque parfait et le froid proche du zéro absolu permettent de bénéficier des effets supraconducteurs : placés dans une enceinte où circule de l'hélium superfluide, les puissants électro-aimants des accélérateurs sont alors en mesure de conduire l'électricité sans résistance ni perte d'énergie. Dans ces conditions, il devient possible d'accélérer progressivement les particules à des vitesses proches de celle de la lumière avant de provoquer des collisions entre ces deux faisceaux de particules qui circulent en sens inverse et de créer, grâce à ces chocs, une énergie absolument phénoménale. On a du mal à imaginer le choc inouï que représente cette catastrophe contrôlée : au moment où deux faisceaux d'ions de plomb entrent en collision, ils engendrent, sur des temps très brefs, des températures plus de cent mille fois supérieures à celles qui règnent au centre du Soleil.

Et ce matin, au terme de toutes ces années d'efforts insensés, le moment est enfin venu. Peu après 7 h 30 GMT, une première gerbe de protons – des particules « lourdes » qui appartiennent à la famille des hadrons – est injectée dans le premier accélérateur. À peine une heure plus tard, sous les applaudissements des techniciens et des scientifiques au comble de la joie, cette gerbe de protons allait boucler son premier tour de l'anneau. Selon le programme prévu, dès le début de l'après-midi, les techniciens ont alors injecté un deuxième faisceau de protons dans le second tube destiné à les accélérer en sens inverse. Étroitement guidés par des aimants refroidis à – 271,3 °C, les particules vont circuler de plus en plus vite à l'intérieur de l'anneau jusqu'à atteindre une vitesse proche de celle de la lumière. Bientôt, les particules sont lancées dans une course folle, chaque faisceau tournant dans le sens inverse de l'autre. Dans un communiqué de presse, le CERN annonce : « Cet événement historique marque la transition vers une nouvelle ère de découvertes scientifiques qui se prépare depuis plus de vingt ans. » Plus lyrique encore, Robert Aymar, directeur général du CERN, a qualifié l'événement de « jour historique pour l'humanité qui veut savoir d'où elle vient et où elle va, et si l'univers a une fin ».

Malheureusement, quelques jours plus tard, avant même que la première collision ait été programmée, a lieu un incident grave : le 19 septembre 2008, suite à un court-circuit électrique ayant causé la fonte de deux aimants, une importante fuite d'hélium se produit dans le tunnel. Les dégâts sont considérables : l'accélérateur sera mis à l'arrêt pendant plus d'un an.

Le 23 octobre 2009, le LHC est remis en service : avec d'infinies précautions, on injecte à nouveau des protons et ions lourds dans les deux tubes de l'anneau. Et le lundi 23 novembre 2009, un mois plus tard, alors que les faisceaux de particules tournent en sens inverse dans chaque tube à des vitesses proches de celle de la lumière, la toute première collision a lieu au niveau du détecteur ATLAS. Plus tard dans la journée, d'autres collisions auront lieu au niveau des détecteurs LHCb, ALICE et CMS : les premières expériences ayant été concluantes, d'autres collisions pourront avoir lieu à des niveaux d'énergie de plus en plus élevés. L'objectif est d'atteindre une énergie de 7 TeV par faisceau : soit un total de 14 TeV à l'instant des collisions frontales entre les deux faisceaux lancés en sens inverse. Une énergie absolument inimaginable, qui – même si elle ne dure qu'un instant extraordinairement bref – correspond à celle qu'a connue l'Univers seulement un milliardième de seconde après le Big Bang.

À la fin de l'année 2009, tous ceux qui travaillent au CERN sont rassurés sur la fiabilité de l'expérience : le LHC fonctionne à merveille et l'hypothèse que l'on redoutait le plus, celle d'un accident semblable à celui qui avait immobilisé l'accélérateur pendant plus d'un an, semble écartée. Commence alors une longue et fascinante série d'expériences dont le but consiste, entre autres, à comprendre ce qui s'est passé au moment du Big Bang, mais aussi à répondre à ces questions ultimes : à quoi ressemblait l'Univers juste après sa naissance ? Comment se sont formés les premiers assemblages de matière ? Où est passée l'antimatière ? Quelle est la nature de l'énergie noire ? Et surtout, cette question qui est sur toutes les lèvres : va-t-on *enfin* trouver le fameux boson de Higgs ?

*

Gagnant des niveaux d'énergie de plus en plus impressionnants, le LHC vient de réussir une série de collisions s'élevant à 4 TeV par faisceau : soit 8 TeV au moment des chocs entre les particules des deux faisceaux. L'espoir de débusquer la particule Dieu grandit donc à mesure que le LHC atteint des niveaux d'énergie de plus en plus élevés. Si cette quête fantastique est couronnée de succès, le modèle standard sera alors validé et les hypothèses concernant le scénario du Big Bang seront confirmées. Pourtant, toutes les questions ne seront pas résolues, loin de là. En particulier celle-ci, à laquelle le boson de Higgs n'apportera aucune réponse : pour quelle raison, avant d'interagir avec le champ de Higgs, les particules primordiales n'avaient-elles pas de masse ? S'agissait-il alors de « particules abstraites » ? Peut-être que la réponse est à chercher non pas « après » le Big Bang, mais « avant ». Le fait que, très peu de temps après le Big Bang, les particules primordiales apparaissent *sans masse* permet de supposer que durant la première phase de leur brève existence (c'est-à-dire avant leur interaction avec l'hypothétique champ de Higgs) ces particules n'étaient encore qu'une expression non physique, une configuration numérique héritée de la phase « pré-Big Bang » exclusivement contrainte, à ce stade, par des lois mathématiques.

La dernière étape que nous allons maintenant franchir vers l'existence de ces lois mathématiques est décisive.

23

L'univers information

Nous voici à la dernière étape.

En ouverture de ce livre, nous avons découvert qu'il existait un formidable « réglage » de l'Univers au moment du Big Bang. Un réglage partout visible dans ce ballet bien orchestré de grands nombres à l'œuvre dès cette époque. D'où cette nouvelle (et dernière) question : d'où vient ce réglage qui défie notre raison ? Est-ce que la réponse pourrait se trouver *avant* le Big Bang ?

Pour en savoir plus, nous allons faire un petit détour et nous demander quel est la manifestation physique la plus spectaculaire, la plus évidente, de ce fameux réglage à l'origine. Quelque chose que tout le monde puisse observer dans l'Univers primordial. En fait selon nous (et de nombreux experts) le signe de cet ajustement du début existe évidemment du côté de ce qu'on appelle « l'équilibre thermodynamique ». Un état auquel on doit s'attendre de manière naturelle dans l'Univers à cette époque. Pourquoi ? Parce que cet « équilibre » est bel et bien observé par tous les satellites astronomiques au sein de la première lumière (c'est ce qui a valu le prix Nobel à John Mather). Or, l'équilibre de l'espace-temps va *nécessairement* en grandissant à mesure que l'on remonte en arrière.

Cette idée est fortement soutenue par George Smoot. Dans un intéressant courrier qu'il nous a adressé le 24 février 2012, il affirme sans louvoyer : « Il est très probable que l'Univers ait été en équilibre thermique à l'échelle de Planck, bien qu'il soit passé par de nombreuses transformations avant d'atteindre l'équilibre que nous observons aujourd'hui. À partir du rayonnement fossile, il est possible de "voir" que l'Univers était en équilibre au moins une heure après le Big Bang. De plus, la nucléosynthèse liée au Big Bang fournit une preuve solide que cet équilibre existait plus tôt encore, dès la première seconde. » Smoot est bien sûr loin d'être isolé dans cette vision. Un exemple ? Pour l'emblématique Stephen Hawking, la cause est entendue depuis longtemps : « L'Univers a nécessairement été en équilibre thermique à l'échelle de Planck[1]. »

Or, cet équilibre observé dans le formidable bain de chaleur originel à une conséquence très forte. Qui va peut-être nous aider à mieux saisir d'où provient le troublant réglage à l'origine de l'Univers. Voyons tout ça de plus près.

*

Souvenez-vous pour commencer : avec ce personnage haut en couleur (et si attachant) qu'était John von Neumann, nous avons vu que lorsqu'un système est en équilibre, il est, comme on dit, en « état KMS ». Si vous l'avez oublié, il s'agit simplement des initiales des trois savants qui ont donné leurs noms

1. In « Astrophysical cosmology », *Proceedings of the Study Week on Cosmology and Fundamental Physics*, Vatican, 28 septembre-2 octobre, 1981.

à cette théorie. Ryogo Kubo était un physicien mathématicien japonais (le K de KMS) qui s'est spécialisé dans les approches théoriques de la notion d'équilibre. Ancien président de la Société japonaise de physique, il a travaillé avec l'énigmatique Tomita, un autre mathématicien japonais, littéralement captivé par les fameuses algèbres découvertes par l'inoubliable John von Neumann. Dans un langage certes difficile à comprendre mais très profond, il a étendu les fondements mathématiques de la théorie KMS. Martin (le M. de KMS) est le moins connu des trois. Il a travaillé dans les années 1950 aux États-Unis avec le troisième, l'Américain Julian Schwinger, prix Nobel de physique.

À présent, que veut dire, pour un système, « être en état KMS » ? Quelque chose qui, pour ce système en équilibre, débouche sur une sorte de « miracle » mathématique : son temps propre *se dédouble* ! Plus précisément, aux côtés du temps ordinaire – le temps réel, mesuré par nos nombres de tous les jours, les nombres réels –, apparaît un deuxième temps qui, lui, est *imaginaire* (il est mesuré par des nombres imaginaires). Cette interprétation de l'état KMS est classique et a été relevée par tous les experts de la théorie KMS depuis longtemps.

Revenons maintenant à l'Univers au moment du Big Bang. Selon les experts (confortés par ce qu'ils observent, comme George Smoot) l'espace-temps tout entier (pour parler comme Minkowski) est en équilibre thermique. Vous devinez la première conséquence ? Comme tout système en équilibre, il est *nécessairement* en état KMS. Et à présent vient bien sûr la deuxième conséquence : puisqu'il est en état KMS, son temps se dédouble (on dit, mathématiquement, qu'il devient *complexe*) et à la dimension du temps réel s'ajoute une autre dimension du temps, imaginaire, pure, celle-là.

Ici une nouvelle question : où va-t-on rencontrer ce temps dédoublé ? C'est là que les choses deviennent exaltantes. Car ce temps double – disons, ce temps complexe – ne peut exister qu'avant le Big Bang ! C'est lui qui nous permet de passer « de l'autre côté » de la barrière interdite (normalement infranchissable) qu'on appelle le « mur de Planck ».

À partir de maintenant, bien sûr, nous quittons la réalité explorée par la science pour entrer dans le domaine de la spéculation. Mais comme nous allons le voir, il nous restera en main un jeu d'hypothèses suffisamment solides pour en extraire quelques réponses nouvelles.

*

La clef réside donc dans les deux formes du temps qui pourraient exister au moment du Big Bang (nous laissons de côté la troisième forme, le temps complexe, qui ne nous intéresse pas directement ici).

Il y a d'abord le temps de chez nous. Il s'écoule à chaque instant. C'est ce qui fait qu'une rivière coule, qu'un feu brûle dans la cheminée et que le soleil se lève le matin. Il est bien sûr étroitement lié à ce qu'on appelle l'énergie.

À présent voyons le temps imaginaire. Avec lui, plus de mouvement – le temps imaginaire ne s'écoule pas. Un peu comme un disque DVD hors du lecteur, dont l'histoire est comme gelée. Dans le temps imaginaire, il n'y a donc pas de place pour l'énergie. Qu'allons-nous trouver à la place ? Ce que les experts, depuis quelques années, appellent *l'information*. En fait, c'est un peu la même chose que l'énergie, mais dans le temps imaginaire. C'est pourquoi nous allons alors remplacer toutes les unités physiques, sans exception, par ces unités qu'on appelle des « bits d'information » (un mot que, bien sûr, vous connaissez bien). Ainsi, le fauteuil sur lequel vous êtes assis peut être entièrement décrit (du moins en théorie) par les bits d'information qu'il contient.

*

À présent, revenons à l'Univers primordial. Où allons-nous trouver ce fameux temps imaginaire ? En fait, là où le temps réel cesse totalement d'exister : à l'instant zéro. Cet instant correspond bien sûr dans le modèle standard à ce qu'on appelle la « singularité initiale » marquant le « zéro absolu » de l'espace et du temps. C'est-à-dire, la véritable origine de l'Univers. De quoi s'agit-il ? D'un point mathématique, inaccessible au calcul physique. À la différence de tout ce qui existe dans l'Univers, son essence profonde est totalement abstraite. À ce stade, il n'y a plus de matière, plus d'énergie et plus de temps. À quoi il faut ajouter – en y insistant bien – que sur ce point zéro, ce qu'on appelle l'entropie de l'Univers (c'est-à-dire, en gros, son désordre) est nul. Ceci est une conséquence naturelle du fameux principe de la thermodynamique si bien explicité au début des années 1900 par ce génie visionnaire qu'était Ludwig Boltzmann. Or, comme l'information est tout simplement « l'inverse » de l'entropie, ceci signifie qu'à l'instant zéro, l'information caractérisant le pré-Univers doit être considérée comme maximale.

Que pouvons-nous en déduire ? Qu'à l'instant zéro, il n'existe rien d'autre que de l'information. Une réalité numérique, qui pourrait « encoder » sous une forme mathématique, l'ensemble des propriétés qui, après le Big Bang, concourent à l'existence et à l'évolution de l'Univers physique. Ici une remarque qui vaut la peine d'être retenue. Certains théoriciens de l'information – par exemple Seth Lloyd, du MIT – s'intéressent de plus en plus à cette hypothèse nouvelle de l'Univers-information. Et leur conclusion est que la quantité des informations caractérisant le cosmos tout entier depuis sa naissance n'est pas infinie. En fait, ce « nombre de l'Univers » paraît même tenir dans un mouchoir de poche : 10 puissance 120 bits d'information. Un nombre cependant bien supérieur au nombre d'Eddington qui, vous vous en souvenez, évalue le nombre d'atomes dans tout l'Univers, soit 10 puissance 80. Mais ridiculement petit face à ces grands nombres que vous avez découverts avec nous. Car la réalité est là : le nombre de l'Univers proposé par Seth Lloyd ne pourrait même pas contenir π ! Pourquoi ? Parce que π est *bien plus grand* que 10 puissance 80. En fait il est infini. Il faut donc imaginer que ce nombre de l'Univers ne concerne que la partie physique de notre réalité. Tout le reste – c'est-à-dire le monde mathématique et ses infinis – est immensément plus vaste et appartient, peut-être, à l'infini absolu imaginé par Cantor (c'est-à-dire à ce qu'il imaginait être la pensée de Dieu).

À cette échelle zéro, située hors de l'Univers, lorsqu'il n'y a plus qu'un monde purement mathématique, l'on peut donc espérer trouver ce fameux « nombre de l'Univers ». Mais aussi l'infini qui l'englobe, source de ce que Leibniz appelle l'harmonie préétablie.

*

Par une surprenante boucle, nous voici ramenés à Leibniz. Mais est-ce si étonnant ? Le mathématicien et informaticien américain Gregory Chaitin, spécialiste de la théorie des codes, tient l'illustre philosophe pour son maître. Dans un élan d'enthousiasme, il a lancé un jour : « Dans les bits 1 et 0, Leibniz pressentait véritablement une puissance combinatoire capable de donner naissance à l'Univers tout entier[1]. »

Le 0 et le 1 pour donner naissance à l'Univers tout entier ! C'est une autre façon (parfaitement admissible pour un mathématicien) de décrire l'existence d'une source numérique – en fait mathématique – primordiale, située hors de l'Univers et conditionnant l'existence de notre monde physique. Est-on éloigné des approches – parfois même des conclusions – de l'école de Göttingen ? En fait non.

Déjà en 1908, Minkowski trace la voie en découvrant le fameux cône de lumière de l'espace-temps. Si l'on accepte que ce cône englobe tous les événements de l'Univers depuis l'instant zéro, alors son origine coïncide avec la singularité initiale existant dans le temps imaginaire. Et il est difficile d'oublier que Minkowski a conclu sa présentation de l'espace-temps comme une illustration idéale de « l'harmonie préétablie entre les mathématiques pures et la physique ». Une harmonie préétablie dont la seule source dans ce modèle se situe hors de l'espace-temps, c'est-à-dire sur le sommet singulier du cône de lumière cosmologique marquant l'origine de l'Univers.

À présent, passons à Hilbert. L'espace infini de Hilbert – le très célèbre « espace de Hilbert » baptisé ainsi par von Neumann – avec son nombre infini de dimensions correspond à une source inépuisable de nombres, aussi bien les réels que les nombres

1. Gregory Chaitin, *Hasard et Complexité en Mathématiques*, Flammarion (2009).

complexes. En outre, l'espace de Hilbert est une généralisation de ce qu'on appelle l'espace euclidien, c'est-à-dire un espace dont le temps est imaginaire. Nous retrouvons ici la caractéristique essentielle de l'instant zéro qui n'existe pas dans le temps réel mais dans le temps imaginaire De ce point de vue, la source d'information initiale, correspondant au « nombre de l'Univers », peut être décrite comme un espace de Hilbert infini.

Enfin, l'approche de Gödel renforce les précédentes. Illustration la plus pure de l'esprit de Göttingen (au-delà des divergences de surface avec Hilbert), l'idée si riche d'incomplétude proposée par Gödel s'applique parfaitement – nous l'avons vu – à la notion de singularité initiale. Du point de vue de Gödel, elle est nécessairement située *hors* de l'espace-temps et n'a aucune de ses propriétés : elle n'est composée ni de matière, ni d'énergie, ni d'espace ni de temps. Que nous reste-t-il ? Une nouvelle fois l'*information*, dont la source (hors de l'espace-temps) peut à nouveau être vue comme la singularité initiale à l'instant zéro. Ceci est d'autant plus enthousiasmant que Gödel est, lui aussi, un adepte farouche de l'harmonie préétablie – décidément incontournable, malgré les critiques sévères mais peu argumentées du philosophe Bertrand Russell pour qui il s'agit d'un « conte de fées ». Gödel, nous l'avons vu, reste un enfant (c'est ce qu'Einstein, lui-même enfant éternel, adorait chez lui) et il aime les longues histoires, celles qui ne finissent pas, comme dans le cas de l'incomplétude. Ou de Dieu lui-même.

*

En 2004 la revue *Nature* a publié un article ayant pour titre : « Ces bits qui constituent l'Univers ». On pouvait y lire, entre autres : « De quoi est constitué l'Univers ? Un nombre croissant de scientifiques pressentent que l'information doit être un élément de réponse particulièrement clef. Certains vont même jusqu'à imaginer que des concepts dérivés de l'information pourraient finir par fusionner avec les notions traditionnelles de particules, de champs et de forces, voire de s'y substituer. »

Dont acte. Notre époque est pleine de rebondissements. De possibles bifurcations brusques dans le ciel des idées. Une nouvelle génération de chercheurs, à mi-chemin entre les mathématiciens et les physiciens, commence à apparaître. Tels sont ces pionniers du nom de Charles Bennett, le théoricien d'IBM, Seth Lloyd, avec son rire aigu qui fait légende, Stephen Wolfram, le père des nouveaux moteurs de recherche sur Google tourné vers la connaissance, David Deutsch, le créateur à Oxford de l'idée de qbit, Peter Shore et d'autres.

Chez tous, on retrouve une trace de l'hypothèse hardie avancée par Leibniz trois siècles plus tôt : le fond de la réalité, ne serait pas composé de particules matérielles mais de cette chose toute autre, immatérielle, qu'est l'information.

Comme le pensait Leibniz – et après lui tous ceux de l'école de Göttingen – il peut exister un nombre plus vaste que l'Univers. Dans ce temps imaginaire où l'harmonie préétablie prend sa source, un nombre-Univers d'une grande pureté, hors de l'espace-temps, pourrait bien contenir la complexité la plus haute que l'esprit humain puisse imaginer. Et que la pensée de Dieu puisse concevoir.

Conclusion

Au terme de ce livre, avons-nous réussi à saisir, au passage, quelque chose de ce qu'Einstein appelait la « pensée de Dieu » ? Cette « pensée » se trouverait-elle codée, sans que nous sachions pourquoi et comme le répétaient les maîtres de Göttingen, tout au fond des grandes lois qui gouvernent le monde ? C'est en *remontant* vers l'instant primordial de la création, vers le feu éblouissant du Big Bang, que l'on aura, peut-être, quelque chance de trouver ce qui semble donner un sens à toute l'histoire de l'Univers. Vers la fin de sa vie, après avoir tant réfléchi sur le « fond » ultime de la réalité, le physicien John Wheeler en est venu à conclure que l'Univers tout entier pourrait bien, en fin de compte, se réduire à de l'information pure : « Demain, nous aurons appris à comprendre et à exprimer toute la physique dans la langue de l'information[1] », a-t-il dit déclaré en 1995. Suivant une démarche comparable, le Prix Nobel de physique Gerard't Hooft et son collègue Leonard Susskind ont récemment proposé une théorie selon laquelle le contenu de l'information de l'Univers tout entier serait situé *en dehors* de notre espace-temps ordinaire et ne serait dès lors saisissable

1. J.A. Wheeler et W. Zurek (éd.), « Information, physics, quantum. The search for links », *Complexity, Entropy and the Physics of Information*, Addison-Wesley, California (1990).

qu'à travers sa projection inachevée et partielle au sein de notre Univers et de nos vies.

Si une telle information existe, devrions-nous alors en chercher la lointaine origine avant l'ère de Planck, avant même le Big Bang ? Peut-on s'attendre à ce que le temps réel, celui dans lequel nous vivons, soit alors remplacé, avant la création, par du temps imaginaire pur ? Peut-être qu'en traversant le fameux « mur de Planck » – c'est-à-dire l'instant du Big Bang caractérisé par le colossal déchaînement d'énergie donnant naissance au temps, à l'espace et à l'Univers physique – nous trouverons *autre chose* : « avant » le Big Bang, avant la création du monde physique, nous pourrions bien tomber sur ces fameuses lois qui « codent » le scénario cosmologique : sur la *pensée* de Dieu à laquelle rêvait Einstein.

Peut-être alors que la réalité ultime de l'étrange Univers dans lequel nous vivons, cette « splendide formule » dont parle le physicien Niel Turok, peut s'écrire comme un invariant mathématique : les trois symétries fondamentales entre le temps et l'espace, le zéro et l'infini, l'énergie et l'information, sont alors mystérieusement rassemblées dans la trace d'une somme alternée à l'infini. C'est bien cette trace dont nous avons parlé dans d'autres ouvrages, ce signe primordial qu'il est possible d'entrevoir, à l'origine du monde, en remontant peu à peu vers ces vertigineuses mathématiques pures si chères aux anciens maîtres de Göttingen : « fragments de signes infinis qui, dans notre langue, ne racontent rien, jamais, mais où passe, mystérieusement, quelque chose d'inouï » : *la pensée de Dieu*.

Postface

Je suis physicien des particules et chercheur. Depuis longtemps, je me consacre à l'exploration de ce que certains qualifient de « phénomènes ultimes » en physique des particules et en cosmologie.

Sur le plan théorique et phénoménologique, j'étudie les possibles violations des principes fondamentaux de la physique des particules actuelle. La vérification de la relativité et de la mécanique quantique par les propriétés observées des rayons cosmiques d'ultra-haute énergie fait partie de ces recherches, de même que la question des éventuels constituants des particules dites « élémentaires » et celle d'un pré-Big Bang. C'est précisément l'hypothèse du pré-Big Bang, à savoir, de l'existence dans l'histoire de l'Univers d'une phase antérieure à ce qui nous est souvent présenté comme « l'explosion primordiale », que Grichka et Igor Bogdanov ont été parmi les premiers à explorer depuis le début des années 1990 dans leurs travaux de doctorat.

Or il nous faut bien admettre que sur le plan théorique aussi bien que dans le domaine expérimental, l'exploration des questions perçues comme « ultimes » est très difficile. Cet effort requiert, de la part des scientifiques, une démarche objective, prudente, modeste, et surtout, indépendante et éthique.

Quel est l'état actuel de la recherche en physique des particules et en cosmologie ? Les deux domaines sont étroitement liés. En particulier, en ce qui concerne l'échelle dite de Planck (de l'ordre de 10 puissance moins 43 seconde), qui constitue à la fois l'échelle « limite » de la physique des particules standard et la possible durée approximative de l'état « initial » de l'Univers dans les modèles du type Big Bang. C'est souvent à la longueur de Planck (environ 10 puissance moins 33 cm), que fait tacitement référence l'emploi de la notion d'infiniment petit. Qu'il me soit permis de préciser que, sur « l'infiniment petit » proprement dit, nous ne savons rien à strictement parler. Car aucun des objets dont nous avons une connaissance expérimentale ne peut être considéré avec certitude comme « infiniment petit ». Toutefois, s'agissant des particules dites « élémentaires » décrites par le modèle standard actuel, la physique moderne nous a d'ores et déjà dévoilé un monde étonnant.

Dans notre vie de tous les jours, on aura beau chercher, on ne trouvera jamais deux choses parfaitement égales. L'usine la plus moderne est incapable de produire deux objets absolument identiques. Un examen suffisamment minutieux permettra toujours de mettre en évidence une petite différence entre deux objets fabriqués de la même façon. Mais dans le monde des particules dites « élémentaires », la situation apparaît très différente. Au point que, sur le plan théorique, la notion de particules « identiques » joue un rôle fondamental dans la mécanique quantique conduisant même aux « statistiques » dites de Bose-Einstein et de Fermi-Dirac avec des effets physiques directs et observables.

Deux « fermions » (particules obéissant à la statistique de Fermi-Dirac, tels les électrons, les protons, les quarks...) ne peuvent pas se trouver simultanément dans le même état quantique. Et les « bosons », qui obéissent à la statistique de Bose-Einstein et peuvent se condenser en grand nombre dans le même état quantique, génèrent des phénomènes tels que le laser ou la superfluidité. Sont des bosons le photon (quantum de lumière), les atomes d'hélium 4 ou le « boson de Higgs » recherché auprès des grands accélérateurs de particules.

Mais en quoi consiste vraiment ce que l'on appelle la « statistique quantique » ? La raison commande d'avouer notre ignorance. Certes, nous savons décrire mathématiquement ces phénomènes, mais que comprenons-nous vraiment de leur nature profonde et de leur origine ? Pour quelle raison tous les protons, tous les électrons... sont-ils à ce point « identiques » ? Dans le monde qui nous entoure, il n'existe pas deux planètes, deux étoiles, deux nuages, deux gouttes d'eau, deux flocons de neige, deux épingles de blé, deux épines de rosier... qui soient identiques. Comment les protons, les électrons, les photons... qui nous apparaissent toujours « identiques » sont-ils « fabriqués » par la nature ? Où résident les clefs profondes de cette « identité » au sein des familles de particules élémentaires ?

L'universalité de cette parfaite identité entre particules de la même nature (entre photons, entre électrons, entre protons...) témoigne de la puissance de ce que l'on appelle les lois de la physique auxquelles Henri Poincaré attribuait même une précision *infinie* et un caractère *inéluctable*. Mais quelle est l'origine de ces lois ?

Et en quoi consiste ce que la physique des particules appelle le *vide*, mais qui ne correspond pas à une véritable absence de matière ? Le vide est caractérisé par l'absence de particules, un peu comme l'état d'un corps au zéro absolu de température se caractérise par l'absence de vibrations. En un sens, les particules sont des « vibrations » de ce « vide » mystérieux. Mais là encore, quels mystères se cachent dans ce qui nous est à ce jour inaccessible ?

Comme le met en évidence cet ouvrage, le mystère scientifique n'est pas assimilable au mystère religieux. Dans la religion, on appelle mystère ce qui a vocation à échapper, sur cette Terre, à la compréhension humaine. À l'inverse, pour les scientifiques, tout mystère relevant de leur compétence *doit* être percé. Même si dans la pratique, la tâche du scientifique peut s'avérer extrêmement ardue, voire impossible dans l'immédiat.

Il en est de même de la notion de Dieu, possible expression d'un mystère suprême. Le mot « Dieu » n'a pas du tout la même signification selon qu'il est employé par des croyants dans le contexte de leur religion ou lorsqu'il peut être évoqué par des scientifiques à propos de leurs découvertes et interrogations. Et le Dieu d'Einstein, évocation du mystère cosmique, n'est pas celui de la révélation et des religions. À chacun sa démarche et ses convictions.

*

Le 9 mai 1931, la revue britannique *Nature* publiait une note intitulée « *The Beginning of the World from the Point of View of Quantum Theory* » (Le début du monde, du point de vue de la théorie quantique). C'était rien de moins que la formulation originale de l'hypothèse actuellement appelée « du Big Bang ». Son auteur, un chanoine catholique belge du nom de Georges Lemaître, fut également l'auteur de la formulation originale de la loi d'après laquelle les galaxies s'éloignent les unes des autres à une vitesse proportionnelle à leur distance. Son article de 1927, « *Un Univers homogène de masse constante et de rayon croissant rendant compte de la vitesse radiale des nébuleuses extra-galactiques* », se trouve à présent exposé sur un site de la NASA[1].

Georges Lemaître, qui en 1960 devint prélat domestique du pape Jean XXIII et président de l'Académie pontificale des sciences, respecta toujours très scrupuleusement le principe de la séparation entre la cosmologie et la religion. Dans le même ordre d'idées et de considérations éthiques, rappelons que Grichka et Igor Bogdanov n'ont jamais introduit la moindre référence à la notion de Dieu dans leurs travaux scientifiques, thèses de doctorat comprises. Quant au sens qu'ils entendent donner au mot Dieu dans leurs ouvrages, il s'agit clairement du « Dieu d'Einstein » et pas de celui des religions.

S'agissant de la loi citée sur l'éloignement relatif des galaxies, j'ajouterai qu'elle est automatiquement contenue dans un espace-temps spinoriel que j'ai proposé dans les années 1990. En quoi consiste cet espace-temps ? Tout simplement, il s'agit d'utiliser, à la place du « quadrivecteur » formé par le temps plus les trois coordonnées d'espace habituelles, un « spineur » comportant deux nombres dits « complexes » également porteurs en tout de quatre nombres réels. Chaque nombre complexe possédant une « partie réelle » et une « partie imaginaire ». Le carré du temps cosmique est alors donné par la somme des carrés de ces quatre nombres réels contenus dans les deux composantes complexes du « spineur » cosmique. Le rayon de l'espace à temps constant est égal au temps cosmique. La valeur du rapport entre la vitesse d'éloignement des galaxies et leur distance s'avère être égale à l'inverse de l'âge

1. Georges Lemaître, *Annales de la Société scientifique de Bruxelles*, A47, pp. 49-59.
http://adsabs.harvard.edu/abs/1927ASSB...47...49L

de l'Univers, une excellente valeur du point de vue phénoménologique.

Ce modeste exemple constitue à mon sens une illustration, parmi bien d'autres, des incertitudes théoriques actuelles. La théorie quantique des champs relie les propriétés statistiques des particules dites « élémentaires » à leur spin (moment angulaire interne) quantifié. Or les fermions présentent la spécificité d'avoir un spin demi-entier[1] impossible à générer avec l'espace-temps conventionnel, alors qu'il émerge tout naturellement dans l'espace-temps spinoriel que je viens de décrire. Pourquoi ne pas essayer de sortir des sentiers battus ?

Raison de plus pour apprécier dans un esprit ouvert le travail considérable et pionnier réalisé pendant une longue décennie et de manière bénévole par Grichka et Igor Bogdanov dans le cadre de leurs thèses de doctorat régulièrement soutenues auprès de l'université de Bourgogne et validées par des jurys souverains. Entre autres résultats, Igor et Grichka Bogdanov ont indiqué avoir conçu l'idée de base d'un modèle d'énergie noire en 1992 avant de l'expliciter clairement deux ans plus tard, en 1994. Force est de constater que leur affirmation est cohérente avec un rapport d'étape de leur directeur de thèse, Moshé Flato, scientifique de renom régulièrement consulté par la Fondation Nobel jusqu'à sa disparition en 1998. Le 5 octobre 1995, dans ce rapport dont l'authenticité m'a été confirmée par son collègue Daniel Sternheimer qui lui succéda dans la direction des deux thèses, Moshé Flato écrivait à propos de la thèse de Grichka :

---

1. 1/2, 3/2... L'unité étant $h/2\pi$, où h est la constante de Planck et π le nombre *pi*.

« *Ce travail original présente des perspectives nouvelles et importantes, de nature à résoudre certains des problèmes parmi les plus difficiles dans le domaine de la gravité quantique. L'auteur établit, en particulier, l'existence d'un champ scalaire complexe (...) susceptible, selon lui, d'accélérer l'expansion de l'espace temps. Nous recommandons la publication de certains des résultats concernés*[1]. »

Aucun doute n'est possible, d'ailleurs, sur le fait qu'il s'agit d'un modèle de pré-Big Bang car Moshé Flato se réfère explicitement à la période entre l'instant *t* (temps) = 0 et le temps de Planck. Sur ce document, comme sur le travail des frères Bogdanov, plus de détails seront fournis dans mon livre en préparation *Y a-t-il une affaire Bogdanov* ? De même, en juillet 2002, alors que les examinateurs pouvaient disposer d'un meilleur recul sur les questions abordées, le jury de la thèse d'Igor a confirmé la « *bonne impression d'ensemble* » malgré le contenu peu conventionnel de l'approche développée[2].

*

L'énergie noire à laquelle se réfèrent Igor et Grichka Bogdanov est actuellement réputée responsable de l'accélération observée de l'expansion de l'Univers. Dans ce type d'approche, les modèles dits « de quintessence » ont recours à un champ « scalaire » (décrivant un objet sans moment angulaire

1. Les thèses des frères Bogdanov, soutenues en 1999 et 2002 auprès de l'université de Bougogne, sont accessibles aux adresses suivantes :
« Fluctuations quantiques de la métrique » (Grichka, 1999), http://hal.inria.fr/docs/00/04/49/03/PDF/tel-00001502.pdf
« Etat topologique de l'espace-temps à l'échelle zéro » (Igor, 2002), http://hal.inria.fr/docs/00/04/49/04/PDF/tel-00001503.pdf
2. Rapport de soutenance du 8 juillet 2002.

interne). Mais le champ scalaire complexe introduit par les frères Bogdanov joue un rôle essentiel dans la théorie dès le premier instant du pré-Big Bang, assurant la transition de l'espace-temps initial vers l'espace-temps relativiste. Il ne s'agit donc pas d'un « rajout » *ad hoc*. Il ressort de l'attestation de Moshé Flato que, sur un certain nombre de points, le travail d'Igor et Grichka Bogdanov, proposant un schéma original de pré-Big Bang à partir d'une « singularité initiale en temps imaginaire » dont l'évolution est déclenchée par un champ scalaire complexe, était potentiellement en avance par rapport aux tendances dominantes de la cosmologie de l'époque. À ce jour, aucune donnée observationnelle ne permet d'exclure les modèles de pré-Big Bang, et l'approche proposée par les frères Bogdanov n'a pas perdu ses chances d'être validée.

D'autant plus, que la remise en cause des dogmes supposés établis dans la cosmologie standard pourrait même aller très loin. Dans un communiqué du 18 avril 2012 intitulé « *Une atteinte sérieuse à la théorie de la matière noire ?* », l'ESO (European Southern Observatory) se réfère à un résultat récent[1] dont les constatations, suggérant un important déficit de matière noire galactique près du Soleil, pourraient bouleverser la cosmologie conventionnelle. Ce n'est qu'une nouvelle illustration des incertitudes théoriques et expérimentales actuelles.

Ce n'est pas tout, d'ailleurs. Dans cette année du centenaire du mathématicien et physicien français Henri Poincaré, qui fut le premier à formuler le principe de relativité sous sa forme moderne avec la vitesse de la lumière en tant que vitesse critique

1. Christian Moni Bidin, Giovanni Carraro, René A. Méndez et Rory Smith, « *No evidence of dark matter in the solar neighborhood* », http://arxiv.org/1204.3919

impossible à dépasser, quel regard rétrospectif peut-on porter sur sa description des lois de la nature comme des lois « inéluctables » et « infiniment précises » ? À ce jour, nous sommes loin de l'infiniment précis. Mais Poincaré estimait que si les lois que nous formulons s'avèrent toujours approximatives, c'est parce que notre formulation des lois de la nature est toujours imparfaite. À ce stade, il paraît impossible de séparer la question de l'exactitude desdites lois de celle de l'information contenue dans l'embryon d'Univers qui constitue le point de départ de notre cosmologie. Dans une approche thermodynamique comme celle développée par les frères Bogdanov pour le pré-Big Bang, c'est l'entropie qui permet d'évaluer la quantité d'information contenue dans l'Univers initial. L'entropie, expression du désordre, est *nulle* à l'instant $t = 0$. De ce fait, comme le soulignent Igor et Grichka qui développent un modèle explicite, le maximum d'information est atteint à l'origine du temps cosmique.

*

Des livres comme celui-ci nous rappellent ce qu'il y a de meilleur dans la recherche scientifique et dans la démarche de ceux qui entreprennent de s'attaquer aux « mystères » les plus profonds. Merci aux auteurs pour ce rappel très opportun et pour le remarquable effort qu'a demandé sa rédaction.

Ethique, science pure, mystères scientifiques et éclaircie de ces mystères au prix d'une réflexion profonde et d'un travail acharné, émerveillement désintéressé des scientifiques devant leurs découvertes… Telles sont, notamment, les valeurs humaines et positives que l'on peut trouver dans ce livre d'Igor et Grichka Bogdanov.

Sachons en retenir le message.

Luis Gonzalez-Mestres
(physicien des particules, chercheur au CNRS/IN2P3)

Table

10473

Composition
NORD COMPO

Achevé d'imprimer en Slovaquie
par NOVOPRINT SLK
le 2 septembre 2013.

Dépôt légal septembre 2013.
EAN 9782290069783
L21EPLN001394N001

ÉDITIONS J'AI LU
87, quai Panhard-et-Levassor, 75013 Paris

Diffusion France et étranger : Flammarion